가성비
영어

초등 영어, 짬짬이 영어책 읽기의 기적

가성비 영어

박소윤 지음

팬덤북스

CONTENTS

아이의 눈과 귀가 열리는 저절로 영어 공부법

영어 공부시키기, 우리 아이만 이렇게 어려운가요?

알파벳을 시작으로 초등학교, 중학교, 고등학교, 대학교, 취업 준비를 위한 토익 공부에 이르기까지 평생을 영어에 매달렸다. 그럼에도 우리는 영어 앞에만 서면 한없이 작아진다. 영어만 생각하면 가슴에 돌덩이를 얹은 것 같다. 길을 찾는 외국인이 보이면 혹시 나에게 말을 걸까 싶어 도망가기 바쁘다. 울렁증을 넘어 일종의 트라우마인 셈이다.

내가 이러니 아이만큼은 제대로 공부시키고 싶다. 나처럼 되지 않았으면 한다. 영어에 맺힌 한을 고스란히 아이에게 물려줄 수는 없다. 요즘처럼 글로벌 시대에는 영어가 더 중요해질 것이 아닌가?

영어는 조기 교육이 중요하다던데 우리 아이는 벌써 초등학생……옆집 아이는 아직 학교도 가기 전인데 벌써 영어 유치원에 다닌단다. 어쩐지 우리 아이만 뒤처지는 것 같아 불안해진다.

이러고 있을 때가 아닌 것 같아 당장 정보 수집에 나선다. 인터넷상의 '카더라 통신'을 귀동냥해서 어학원 순방에 나서 보지만, 어디를 보내야 할지는 도통 모르겠다. 단어는 기본이고, 문법도 익혀야 하고, 읽기, 듣기, 말하기, 쓰기 무엇 하나도 빠져서는 안 될 것 같다. 말이 자연스럽게 나오려면 원어민과 몇 마디라도 해 보는 것이 좋을 텐데.

결국, 비싸고 유명한 영어 학원에 아이를 등록시키고 나서야 안도의 한숨을 내쉰다. '우리 아이가 영어를 잘할 수 있다는데 이 정도 지출쯤이야!' 이제 남은 것은 아이가 열심히 해 주는 것뿐이다.

그런데 웬걸! 영어를 배우기 시작한 지 몇 달이 지났을까? 아이 입에서 영어가 싫다는 말이 나오기 시작했다. 원어민 선생님의 말은 하나도 못 알아듣겠고, 단어도 외우기 싫고 문법도 어렵단다.

철렁 내려앉은 가슴을 애써 누르며 아이를 설득하기 시작한다. 다른 것은 몰라도 영어는 절대로 포기할 수 없다. 살아가는 데 영어가 얼마나 중요한데. 어르고 달래다가 결국은 '열심히 하면 ~해 줄게'라는 약속까지 하고 말았다.

하지만 그것도 잠시 다시 아이의 입에서 영어가 싫다는 말이 나왔다. 다른 학원을 알아봐야 하나 아니면 과외를 시켜 볼까? 그 전에 먼저 다른 엄마들은 어떻게 공부시키는지부터 알아봐야겠다. 그렇게 기웃거리고 있는 사이 내가 잘못해서 우리 아이가 뒤처지고 있는 것은 아닌지 자꾸만 조바심이 난다.

도대체 이런 시행착오는 언제까지 반복해야 하는 것일까?

엄마는 그저 도울 뿐, 공부는 아이 스스로!

앞의 글을 읽으며 수도 없이 고개를 끄덕였다면 당신은 대한민국의 보통 엄마가 맞다. 우리나라에서 영어는 조기 교육 분야 1위, 사교육비 지출 1위를 자랑하는 과목이다. 그 이유는 우리나라에서 영어는 소통의 도구가 아니라 평가와 경쟁의 도구이기 때문이다.

영어를 못하면 살아남을 수 없다는 불안감 때문에 엄마들은 어릴 때부터 자녀를 사교육 시장으로 내몬다. 하지만 어마어마한 시간과 노력, 비용 대비 성공 사례는 가뭄에 콩이 나는 수준으로 드물다. 그럼에도 엄마들은 이 길을 멈추지 않는다.

마음은 여전히 불안하지만 말이다. 엄마가 불안하니 아이들의 상태는 말할 것도 없다. 어릴 때부터 영어 공부의 압박을 받으며 자란 아이들에게 영어는 스트레스 그 자체이다.

필자는 12년 동안 영어 사교육 기관에서 일했다. 수많은 학부모와 상담했고, 영어 공부가 어려운 아이들을 수도 없이 만났다. 가장 안타까웠을 때는 아이들이 영어와 멀어지는 것을 바라볼 때였다.

그러던 어느 날 더는 이렇게 바라만 보고 있을 수 없어 방법을 찾기 시작했다. 아이들 스스로 즐겁게 영어를 배울 수 있는 방법을 말이다. 그리고 12년의 고민 끝에 해답을 찾았다. 답은 바로 '영어책 읽기'에 있었다. 아이들에게 영어책 읽기의 즐거움을 깨닫게 해 주어 스스로 습득하도록 도와주는 것이 영어를 배우는 최상의 방법임을 깨달았다.

이야기가 있는 영어책을 읽는 것은 아이들에게 언어의 어려움을 극복하게 하는 강력한 내적 동기가 된다. 이야기 속에서 얻는 재미와 감동은 또 다른 이야기를 찾는 원동력이 된다. 그 결과 아이들은 스스로 영어책을 읽는다. 자발적인 다독Extensive Reading은 즐거움을 느끼며 영어를 습득하는 지름길이다.

영어책 읽기는 일방적인 주입식 교육과는 달리 아이들의 흥미를 꺾지 않는다. 고통스러운 공부법과는 거리가 멀다. 아이의 수준과 흥미에 맞는 영어책 읽기는 재미있을 수밖에 없다. 책의 내용에 빠져서 읽다 보면 저절로 영어가 익혀져 아이는 평생 영어를 좋아하고 즐기게 된다.

외국어 습득 이론을 정립한 언어학자 스티븐 크라센Stephen D. Krashen 박사는 '읽기는 언어를 배우는 최상의 방법이 아니다. 그것은 유일한 방법이다'라고 강조한다.

즐기면서 책을 읽다 보면 영어는 저절로 습득된다. 방대한 어휘를 집어삼키고 문장 구조를 체득하게 된다. 영어권의 문화를 간접적으로나마 경험할 수 있으며 영어식 사고와 창의적인 문체로 글을 쓰는 것이 가능해진다.

결과적으로 영어책 읽기는 장차 아이들에게 평생 가동되는 파워 엔진이 된다. 그렇다면 이때 부모와 교사는 무엇을, 어떻게 해야 할까? 방법은 간단하다. 한시라도 빨리 흥미로운 영어책의 세계로 이끌어 주어야 한다. 영어책 읽기로 파워 엔진을 장착한 아이는 지치지 않고 오래 달릴 수 있다. 많이 읽을수록 그 재미에 빠져서 더 힘차게 달린다. 물론 영어 실력도 저절로 쌓이게 된다.

영어 공부, 이렇게 재미있어도 될까요?

"선생님, 책 한 권만 더 읽어 주세요! 제발요!"

"영어책이 이렇게 재미있는지 몰랐어요."

"우리 아이가 영어책을 4시간 동안 꼼짝도 하지 않고 보는데 너무 신기해요."

"영어책을 낄낄거리면서 보던데…… 영어 공부가 이렇게 재미있어도 되는 걸까요?"

영어책 맛에 중독된 아이들과 이를 바라보는 부모님들의 행복한 외침이다. 당연한 결과이다. 책 읽기는 즐겁다. 괴롭고 힘들지 않다. 자발적이고 주도적이다. 그러니 책 읽기에 빠진 아이들은 때와 장소를 가리지 않고 읽을 수밖에 없다. 심지어 화장실에서도 영어책을 붙들고 있다.

원리는 간단하다. 어른과 달리 아이들은 재미있어야, 흥미가 충분해야만 움직인다. 아이들이 손에서 책을 놓지 않는 것도 어떤 목적이 있어서가 아니라 '진짜 재미있기' 때문이다.

예전에는 영어 때문에 힘들어하는 아이들을 어르고 달래며 가르치는 일이 많았지만, 요즘은 정반대다. 책 읽기를 통해 자연스럽게 영어를 배우게 하는 요즘은 아이들도 그렇고 필자도 그렇고 너무나 행복하다. 영어책과 사랑에 빠진 아이들은 누가 시키지 않아도 책을 붙들고 있다. 영어 원서를 밤늦게까지 읽는 아이들을 보고 부모님들은 신기해하신다. 도서관에 오면 아이들은 책장 앞을 서성이며 오늘은 어떤 책을 읽을까 고민하며 행복해한다.

필자는 12년간 몸담았던 영어 사교육계를 떠나 지금은 초등학생들을 위한 영어 도서관을 열어 운영하고 있다. 처음 도서관을 열었을 때는 주변의 우려 섞인 시선도 있었지만, 아이들이 영어책을 읽으며 영어를 습득해 가는 모습을 보고 이것이 부모와 아이가 모두 행복해지는 영어 교육의 해답이라고 확신하게 되었다.

《가성비 영어》에는 자녀의 영어 교육에 대한 불안을 감추지 못하고 수년 동안 시행착오를 반복하는 엄마들을 위한 해법이 담겨 있다. 초등 시기가 평생의 영어 실력을 결정하는 이유와 영어책 읽기가 영어 교육에 어떤 영향을 미치는지 이 책을 통해 밝히고자 한다. 아이들이 영어

책에 푹 빠지게 만드는 전략과 효과적으로 영어책을 읽게 하는 방법도 함께 제시한다.

끝으로 바람이 있다면 우리 아이들이 책 읽기를 통해 영어를 배우고 창의력을 키워 세계적인 리딩 리더Reading Leader가 되는 것 단지 그것뿐 이다.

CHAPTER

1

평생 영어를 결정하는
초등 시기의 영어책 읽기

대한민국에서 영어는
언어가 아니라 '시험 과목'

🍪 우리 아이가 영어를 제대로 배울 수 없는 이유

윤제는 호주에서 3년 동안 초등학교를 다니다 6학년 때 한국으로 돌아왔다. 필자가 만났을 당시 윤제는 자신의 의사를 영어로 자유롭게 표현할 수 있었다. 외국인을 만나면 반갑게 인사하고 대화를 이어 나갔다. 외국인과 어울려 웃고 떠드는 것은 외국에서 생활한 윤제에게 무척 자연스러운 일이었다.

하지만 중학교에 가면서부터는 상황이 180도로 달라졌다. 영어의 벽에 부딪힌 것이다. 유창한 회화 실력은 학교 영어 시험에 아무런 도움이 되지 못했다. 결국, 윤제는 시험에서 낮은 점수를 받고 좌절했다.

윤제가 많이 틀린 유형은 바로 문법을 묻는 문제였다. 용법이 다른 하나를 고르는 문제 앞에서 윤제는 진땀을 뺐다. 문장을 다 이해했는데 왜 답을 고르지 못하는지 이유를 몰라 혼란스러워했다. 사실 윤제가 틀린 문제는 암기 과목을 공부하듯 문법을 달달 외워야만 정답을 맞출 수 있는 것이었다.

그때부터 윤제는 시험 성적을 올리기 위해 단어를 외우고 문법을 외우기 시작했다. 그러다 보니 말할 기회는 점점 사라져 아예 입을 닫게 되었다. 윤제의 살아 있는 영어는 시험 앞에서 그만 빛을 잃고 말았다.

우리가 언어를 배우는 이유는 자신의 생각을 자유롭게 표현하고 의사소통을 하기 위해서다. 하지만 대한민국에서 영어는 언어가 아니라 시험 과목이다. 시험 과목은 시험에서 점수를 잘 받으면 그만이다. 딱 거기까지다. 암기 과목처럼 달달 외워야 한다. 자신의 생각을 자유롭게 표현하는 살아 있는 언어와는 애초부터 거리가 멀다.

언어학자들이 주장하는 '결정적 시기 이론Critical Period Theory'에 따르면 언어 습득에 최적화된 시기는 6~12세로, 어릴수록 언어를 배우기 쉽다는 주장도 여기서 나온다.

하지만 결정적 시기 이론의 찬반을 떠나, 대한민국에는 영어를 제대로 배울 수 없는 '환경적 시기'가 있다. 우리 아이들이 처한 환경적 시기를 한번 떠올려 보자. 우리 아이들은 중학교에 들어가서는 영어를 시험 과목으로 공부하기 때문에 초등학생 때까지만 영어를 제대로 배울 수 있다. 대한민국의 부모와 교사들은 이 환경적 시기를 절대로 놓쳐서는 안 된다. 이 기간에 어떻게 영어를 배우느냐에 따라 아이의 평생 영어가 결정된다.

초등, 영어를 언어로 습득하는 적기

영어는 '공부'가 아니라 '습득'이다

우리가 모국어를 습득했던 기억을 떠올려 보자. 이 질문에 혹 '저는 어릴 때부터 단어를 매일 10개씩 외우고 문법을 공부했어요'라고 대답한 사람이 있는가? 아마 우리말을 그렇게 배운 사람은 없을 것이다. 태어나면서 다양한 환경에 노출되다 보니 자연스럽게 우리말을 익히게 되었을 것이다. 읽기와 쓰기에서 개인의 수준 차이는 존재할 수 있지만 말이다.

언어 습득Language Acquisition 즉, 언어는 공부하는 것이 아니라 습득하는 것이다. 해당 언어를 사용하는 환경에 놓이면 누구나 자연스럽게 언어를 구사하게 된다. 그렇다면 우리말은 자연스럽게 습득했는데 10년 넘게 배우는 영어는 왜 그렇게 힘든 것일까. 답은 간단하다. 자연스럽게 배울 수 있는 환경이 아니었기 때문이다.

🍪 초등 1학년, 영어를 습득하는 환경이 중요한 이유

초등 2학년인 유은이의 취미는 영어책을 읽는 영상을 찍어서 유튜브 사이트에 올리는 것이다. 'Hi! I'm Lucy!'로 시작하는 유은이의 영어책 읽기는 아주 유창하다. 자연스러운 몸짓과 자신감 넘치는 모습에 감탄이 절로 나온다. 이 모습을 본 사람들은 유은이가 일찍부터 영어를 배웠을 것이라고 생각한다. 하지만 유은이가 영어를 본격적으로 배우기 시작한 것은 초등학교 1학년 때부터였다.

유은이의 영어가 짧은 시간 내에 크게 발전할 수 있었던 것은 영어를 습득할 수 있는 환경을 만들어 준 어머니의 공이 크다. 유은이가 영어를 처음 배우기 시작했을 때 어머니는 쉽고 재미있는 영어 그림책을 많이 읽어 주었다. 특히 유은이가 노래 부르는 것을 좋아해서 노래가 신나는 영어책을 주로 읽어 주었다. 특별히 좋아하는 영어책이 있으면 동영상을 찾아서 보여 주기도 했다.

책 속의 주인공이 되어 보는 역할 놀이도 즐겨 했다. 그 결과 주인공 흉내를 내며 영어로 대화하는 것은 모녀의 일상이 되었다. 좋아하는 분야를 영어와 연결시켜 주니 아이는 영어의 매력에 푹 빠지게 되었다. 영어를 자연스럽게 습득할 수 있는 환경 덕분이었다.

필자가 운영하는 리딩리더 영어 도서관에서는 영어책과 함께 영어 DVD도 빌릴 수 있는데 아이들의 반응이 폭발적이다. 평소 좋아하는 영어책의 만화와 영화를 볼 수 있어서 더욱 신나 한다.

초등 2학년인 주형이는 영어 DVD를 볼 수 있는 금요일 밤을 손꼽아 기다린다. 금요일 밤에는 다른 외출도 마다하고 어머니가 준비해 주신 간식을 먹으며 느긋하게 영화를 감상한다. 처음에는 한글 자막으로 먼저 봐야 내용이 이해되었지만, 지금은 한글과 영어 자막 없이도 영화를 보고 즐기게 되었다.

초등 1학년 서현이는 뉴욕에 사는 6살 소녀 Eloise의 이야기에 푹 빠졌다. 영어책도 읽고 DVD도 함께 보면서 Eloise가 하는 말을 흉내 낸다. 가족들 앞에서 Eloise 책을 소리 내어 읽는 것을 즐기게 되었다.

초등 5학년 라영이와 초등 1학년 의진이 남매는 영어 DVD를 보면서 함께 웃고 대화도 나눈다. 만화 〈Wayside School〉에 나오는 등장인물의 대사를 나눠서 역할 놀이도 한다.

이처럼 영어책과 DVD를 볼 수 있는 환경이 제공되면 아이들은 영어를 자연스럽게 습득한다.

🍪 초등 1학년, 어휘량의 빅뱅이 시작되는 시기

캐나다의 언어학자 펜필드Penfield는 '초등 1학년은 어휘량의 빅뱅이 시작되는 시기'라고 말했다. 그의 주장에 따르면 아동기는 생애 중에서 어휘 습득이 가장 왕성한 시기이다. 아동기에 습득한 어휘는 성인이 되었을 때 원활한 독서와 청취는 물론이고, 글로 쓰고 말로 표현하는 데 사용된다고 한다.

다음은 일본의 교육 심리학자 사카모토 이치로의 '아동 및 청소년의 어휘량 발달표'이다.

연령	어휘량 증가	연 증가량
7	6,770	–
8	7,971	1,271
9	10,276	2,306
10	13,878	3,602
11	19,326	5,448
12	25,668	6,342
13	31,240	5,572
14	36,229	4,989

출처 : 송재환, 《초등 1학년 공부, 책읽기가 전부다》

태어나서 7세까지의 어휘 증가량은 겨우 500개이지만 8세 이후부터는 확연히 커지고 10세 이후로는 매년 5,000개의 단어를 습득해 간다. 1년 동안 5,000개의 어휘들을 자기 것으로 만든다. '어휘량의 빅뱅'이라는 말이 실감 날 정도로 이 시기 아이들의 어휘력은 폭발 그 자체이다.

영어책을 꾸준히 읽어 왔던 아이들은 대부분 초등 2학년 혹은 3학년 때 리더스북에서 챕터북 읽기로 수준을 업그레이드한다.

AR 지수(영어권의 나라에서 책의 난이도를 나타내는 레벨 지수)가 2점대 후반인 리더스북과 AR 지수가 3점대 초반인 챕터북은 지수에서는 큰 차이가 없어 보이지만, 실제로 아이들이 책을 읽으며 느끼는 난이도는 챕터북이 훨씬 어렵다. 단어의 난이도와 철자 수, 단어의 수가 훨씬 많아지기 때문이다.

초등 1학년까지는 챕터북을 읽는 것이 다소 힘들지만, 2~3학년이 되면 단어와 글이 많은 챕터북을 거뜬히 읽어 나간다. 바로 이 시기에 어휘량의 빅뱅이 일어나기 때문이다. 이 시기의 아이들은 영어 단어를 스스로 확장해 간다. 수준과 흥미에 맞는 영어책을 읽도록 도와주면 방대한 어휘를 자기 것으로 만들어 낸다.

가성비 영어

CHAPTER 1

초등 1학년, 영어 교육의 적기

🎮 사교육비·조기 교육비 지출 1위, 영어

영어는 어릴 때 배울수록 좋다는 생각 때문인지 요즘 아이들은 영어 유치원을 넘어 어린이집에서도 영어를 배운다. 상황이 이러니 부모들의 경제적 부담은 점점 커져만 가고, 사교육과 조기 교육비 지출 1위는 항상 영어가 지키고 있다.

EBS 다큐프라임 〈한국인과 영어〉에서는 두 자녀를 둔 부모가 영어 사교육에 들어가는 지출을 계산하는 장면이 나온다. 영어 유치원을 시작으로 초등학교, 중학교, 고등학교의 영어 학원비와 대학교에 들어가서 드는 어학 연수비까지 합산한 교육비는 아이 한 명당 약 2억 원에 달했다.

억 소리 나는 비용에 부부는 놀랐지만, 남편과 아내의 생각은 달랐다. 남편은 2억 원을 투자해서 영어를 시키기보다는 그 돈을 저축했다가 다른 데 투자해 주는 것이 낫다고 생각했다. 하지만 아내는 영어에 드는 교육비가 아깝지 않다고 했다. 영어야말로 아이의 미래와 경쟁력을 위해 투자해야 할 최고의 가치라고 생각해서다.

그렇다면 정말 억 소리 나는 돈을 들여야만 아이가 영어를 잘하게 될까. 만약 그렇게 돈을 들여서 잘하게 된다면 보상은 그것으로 충분하다고 할 수 있을까. 사실 잘 판단이 서지 않는다. 과도한 사교육의 효과와 그에 따른 가성비에 대해서는 여전히 의문이 남는다.

🌸 영어 유치원에만 보내면 아무런 걱정이 없을까?

가성비 영어
CHAPTER 1

영어 유치원의 효과는 아이의 소리 언어 습득의 정도에 따라 결정된다. 영어 유치원에 보냈을 때 잘하는 아이가 있는 반면, 늘지 않는 아이도 있다. 그 차이는 알맹이가 채워져 있느냐 아니냐에 달려 있다. 영어를 접해 본 적 없는 아이를 영어 유치원에 보내는 것은 아랍어를 구경도 못 해 본 아이를 아랍권에 보내는 것과 같다.

영어 유치원에 가기 전부터 이미 듣고 말하기를 통해 소리 상자가 형성되어 있다면 영어 실력이 늘겠지만, 그렇지 않다면 갑작스러운 환경 변화가 아이에게는 큰 스트레스가 될 수 있다. 영어를 배우는 속도도 당연히 느릴 수밖에 없다.

영어 유치원 출신의 아이들에게 따라오는 부작용도 무시할 수 없다. 영어 유치원에 다니는 아이들을 보면 영어에는 하루 6~7시간 노출되어 있지만, 우리말에 노출되는 시간은 절대적으로 부족하다. 영어만 놓고 보면 어릴 때부터 해서 발음도 좋고 말하기도 유창해 보이지만 부작용은 우리말에서 온다.

"영어 유치원 출신 아이들이 초등학교 입학 후 어휘력 빈곤에 시달리고 있다는 현실은 잘 모른다. (중략) 영어 유치원 출신 아이들은 일반 교과 시간만 되면 꿀 먹은 벙어리가 되거나 교사에게 계속 모르는 어휘에 대해 질문한다. 정말 쉬운 어휘인데도 그 뜻을 몰라 물어보는 아이들도 있다. 질문으로 인해 수업의 흐름이 자꾸만 끊기니 교사 입장에서는 이런 아이들이 달가울 리 없다."

송재환, 《초등 1학년 공부, 책읽기가 전부다》

자녀가 초등학교 입학 전이라면 모국어를 잡아 주는 데 더 비중을 두어야 한다. 한국에서 자라고 생활해야 하는 아이들에게는 우리말의 뿌리를 튼튼하게 해 주는 것이 무엇보다 중요하다. 모국어가 튼튼하게 뿌리내리면 다른 언어도 더 쉽게 빨리 받아들일 수 있다.

초등학교 전에는 영어의 소리에 친숙해지는 환경을 만들어 주고, 흥미를 보일 만한 영어 그림책을 읽어 주기만 해도 충분하다. 우리말과 영어에 노출시키되 우리말의 뿌리를 먼저 튼튼하게 잡아 주고, 영어는 흥미로운 언어로 받아들일 수 있게 하는 것이 현명하다.

✏️ 초등학생의 흥미와 지적 발달에 맞는 영어책 읽기

아이들이 읽는 영어책은 영어권의 작가들이 아이들의 연령에 맞는 홍미와 지적 발달을 고려해서 만든 것이다. 그렇기 때문에 우리 아이들도 영어권의 아이들과 같이 연령에 맞는 책을 읽으면 얼마든지 재미있게 읽을 수 있다.

열 살 무렵의 아이들은 모험이나 판타지 등의 허구적인 이야기를 좋아하는 반면, 고학년 아이들은 사실에 바탕을 둔 이야기를 좋아한다.

Roald Dahl의 《Fantastic Mr. Fox》를 초등학교 3학년, 6학년 아이들과 함께 읽은 적이 있다. 멋진 여우 씨가 세 멍청이를 따돌리고 먹을 것을 구해서 땅속 동물들에게 나누어 주는 이야기에 3학년 아이들은 재미있어 했지만, 6학년 아이들은 시시하다고 했다.

'Magic Tree House' 시리즈 역시 시간 여행을 하면서 마법을 부리는 판타지 이야기인데, 아이들마다 조금씩 다를 수는 있지만 초등 2, 3학년 때 읽으면 더 재미있게 읽을 수 있다.

발달과 흥미에 맞춰 영어책을 보게 할 때 아이는 가장 즐겁게 읽을 수 있다. 중요한 것은 높은 수준의 영어책을 일찍 읽는 것이 아니다. 부모는 아이가 정서와 발달에 맞는 영어책을 읽을 수 있도록 이끌어 주어야 한다. 그것이 바로 진정한 적기 교육이다.

🍪 초등 1학년, 영어책 읽기 독립을 시작하는 적기

초등 1학년부터는 영어책 읽기 독립을 시작해야 한다. 파닉스를 배우고도 혼자서 영어책을 잘 읽지 못하는 아이들이 많은데 그것은 단어만 읽게 하고 책은 읽히지 않았기 때문이다. 아이가 소리와 문자와의 관계를 깨치고 단어를 읽고 이해할 수 있게 되면 쉬운 책으로 읽기를 시작해야 한다. 한글을 떼고 스스로 책을 읽기 시작하면 더 많은 것을 읽을 수 있듯 영어책도 마찬가지다.

1학년 때부터 혼자서 읽기 시작한 아이들은 2, 3학년이 되면 영어책을 폭넓게 읽을 수 있다. 미국 초등학교를 기준으로 1~4학년의 지적 발달과 흥미에 맞춘 영어책을 즐기면서 읽을 수 있다. 재미있는 책에 흠뻑 빠지면 더 많은 영어책을 읽어 나가게 된다. 다독으로 자연스럽게 영어를 습득할 수 있는 환경에 놓이면 실력은 저절로 쌓인다.

초등 1학년 현수는 올해부터 영어책 읽기 독립을 시작했다. 현수가 푹 빠져서 읽고 있는 영어책은 귀여운 강아지가 주인공인 'Biscuit' 시리즈다. 현수는 혼자서 영어책을 읽을 수 있다는 사실에 무척 뿌듯해한다. 음원을 듣고 큰 소리로 따라 읽으며 강아지 소리를 흉내 내고 재미있어 한다. 현수는 6살인 여동생 원지에게도 영어책을 읽어 준다. 원지는 현수를 따라 영어 문장을 말하기도 하고, Biscuit 흉내도 내면서 즐거운 책 읽기 시간을 갖는다. 동생에게 읽어 주겠다며 도서관에 있는 'Biscuit' 시리즈를 빌려 가는 현수의 모습을 보고 있으면 입가에 저절로 미소가 지어진다.

초등 1학년인 서현이는 혼자서 영어책을 읽을 수 있게 되어 무척 기뻐하는데 요즘은 비슷한 또래 소녀 이야기인 'Eloise' 시리즈에 푹 빠졌다. 그중 서현이가 가장 좋아하는 책은 《Eloise Breaks Some Eggs》이다. 서현이는 친척들이 집에 놀러 오면 누가 시키지 않아도 책을 꺼내 와서 큰 소리로 읽어 준다. Eloise에 대해 소개해 주고 영어로 책 내용을 이야기한다.

어릴 때 재미있다고 느낀 것은 평생 재미있다

🍪 초등 시기의 경험은 뇌에 지워지지 않는 흔적을 남긴다

커서 어릴 때 읽었던 영어책을 아름다운 추억으로 기억한다면 그 아이의 평생 영어는 성공했다고 할 수 있다. 어릴 때 좋아한 것은 평생 즐길 확률이 높고 무언가를 즐기게 되면 잘하게 된다. 서울대학교 소아정신과 김붕년 교수는 이와 관련하여 다음과 같이 말했다.

"사람의 뇌는 끊임없이 변하고 발달한다. 뇌의 여러 부위 중에서도 전두엽은 인간의 고등 정신 기능을 종합적으로 지휘하는 통제소 역할을 하는데, 이 전두엽이 가장 크게 변하는 때가 바로 청소년기인 12~17세이다. 이 시기에 뇌는 새롭게 태어나거나 완전히 리모델링된다고 할 정도로 크게 변한다.

그런데 이 시기 뇌의 변화는 아주 커다란 특징을 하나 가지고 있다. 그것은 바로 초등학생이었던 7~12세까지의 시기에 경험한 것, 경험한 것 중에서도 의미가 있다고 스스로 인정한 것을 중심으로 뇌가 변한다는 사실이다. 초등학생 시기에 활동했던 것이나 경험한 것 중에서 의미가 있다고 인정된 것과 관련된 뇌의 중추는 남겨져 청소년기에 아주 크게 발달하고 변하지만, 의미 있는 활동이라고 인정받지 못한 것과 관련된 뇌의 중추는 없어져 버리는 것이다."

무언가를 할 때 행복하다는 생각이 드는 경험은 대개 어릴 적의 기억과 관련이 깊다. 어릴 때 행복한 경험으로 기억되면 평생 그것을 좋아하고 발달시키지만, 나쁜 기억으로 저장된 경우는 그 반대이다. **어릴 때 영어를 배운 경험이 행복한 느낌으로 저장되면 아이는 평생에 걸쳐 영어를 즐길 수 있다.** 시작이 반이라는 말처럼 첫 단추를 어떻게 끼우느냐에 따라 나머지 단추의 위치가 달라진다. 시작부터 힘들고 괴로운 영어는 평생 무거운 돌덩이가 되어 따라다닌다.

세 살 버릇이 여든을 가듯 시작이 즐거운 영어는 평생 간다. 아이들이 초등 시기에 영어와 관련된 의미 있는 경험을 할 수 있도록 부모와 교사가 도와주어야 한다.

평생 영어를
결정하는
초등 시기의
영어책 읽기

🎨 행복한 흔적이 새겨지는 영어책 읽기

영어를 행복한 경험으로 만들어 주는 최선의 방법은 매력적인 영어책의 세계로 이끌어 주는 것이다. 아이는 엄마, 아빠가 행복한 표정을 지으며 다정한 목소리로 책을 읽어 주면 자연스럽게 흥미를 느낀다. 그러다 부모와 함께 보내는 시간이 좋아지면 점점 더 많은 책을 읽어 달라고 한다. 그러면서 자연스럽게 그림책의 그림과 이야기에 빠져든다. 흥미진진하고 아름다운 그림책의 매력에 마음을 빼앗기게 된다. 그 결과 '책은 정말 재미있는 세계구나. 영어는 정말 흥미로워!'라는 생각을 하게 되면 행복한 흔적이 아이의 뇌에 영원히 새겨진다.

이야기의 세계에 빠진다는 것은 몰입과 행복을 의미한다. 책 속의 이야기에 빠져든 아이들의 표정은 꿈을 꾸는 듯하다. 주인공과 함께 신나는 모험을 즐긴 뒤 책장을 덮을 때는 늘 아쉬워한다.

아이의 흥미와 수준에 맞는 영어책 읽기는 행복한 영어의 절정을 맛볼 수 있는 열쇠이다. 아이는 영어책을 읽음으로써 행복한 경험을 하고, 이렇게 재미있는 이야기를 맛볼 수 있는 것은 다 영어 덕분이라고 생각하게 된다. 행복한 책 읽기와 영어가 하나라는 생각이 자리 잡으면 영어는 늘 함께하고 싶은 친구가 된다.

🐛 고통스러운 영어는 오래갈 수 없다

영어는 지금 당장 시험 점수를 잘 받기 위해 공부해야 하는 과목으로 접근해서는 안 된다. 넓은 세상을 경험하며 살아갈 수 있도록 도와주는 도구로 보아야 한다. 영어는 몇 년 배우고 그만두는 것이 아닌 평생 배우고 작동시켜야 할 엔진이다. 이때 평생 가동시킬 엔진은 바로 영어 책읽기로 만들어진다.

EBS 다큐프라임 〈한국인과 영어〉에는 초등학생들이 영어 능력 인증 시험을 치르고 있고 부모님들이 교실 밖에서 기다리는 장면이 나온다. 그 시험의 종류가 우리나라에서만 10가지이고, 한 해 응시자 수는 30만 명이 넘는다고 한다.

이렇게 응시율이 높은 이유는 영어가 평가와 경쟁의 도구이기 때문이다. 초등학생, 심지어 미취학 아동까지 보는 이 시험은 취업 준비를 위한 토익 시험으로 이어진다. 우리나라의 영어는 말 그대로 욕망과 고통의 언어인 것이다.

2009학년도 모 국제중학교의 입시 서류 전형에서는 토익 725점, 텝스 600점 이상이면 가산점 만점인 5점을 받을 수 있었다. 그러니 그 학교를 희망한다면 토익 점수를 따기 위해 공부를 해야 했다. 사실 토익은 외국인의 영어 능력을 측정하기 위한 시험으로 내용도 비즈니스에 중점을 두고 있다. 비즈니스 용어가 나오는 시험을 초등학생들이 공부한다는 것이 애초부터 말이 되지 않았다. 그럼에도 학생들은 난생 처음 보는 비즈니스 용어를 외우고 낯선 문법을 익혀야 했다.

토익을 억지로 공부하며 아이들은 무척 고통스러워했다. 한꺼번에 많은 단어를 외워야 하자 두통을 호소하는 아이도 있었다. 날이 갈수록 아이들의 표정은 어두워졌고 학원으로 향하는 발걸음 역시 무거워졌다. 어딘가에 억지로 끌려가는 듯했다. 왜 영어를 공부해야 하는지 모르겠다며 자주 한숨을 쉬었다. 이런 상황을 지켜보면서 '이러다 아이들이 평생 영어를 싫어하게 되는 것은 아닐까' 하는 생각이 들어 무척 걱정되고 안타까웠다.

시험에서 높은 점수를 받기 위한 공부는 고통스럽다. 단어 암기, 문법, 독해 문제 풀기는 생각만 해도 머리가 아프다. 시험만 끝나면 다시는 보고 싶지 않다. 평생은커녕 몇 달도 버티기 힘들다.

명심하자. 힘들고 고통스러운 영어는 오래가지 못한다. 멀리 가려면 즐겁고 행복해야 한다. 영어가 즐거워 스스로 빠져들 수 있어야 한다.

 즐거운 영어책 읽기는 오래간다

반대로 즐거운 영어책 읽기는 오래간다. 영어책 읽기에 빠진 아이는 평생 영어를 즐길 수 있다. 영어책에 한번 빠지면 쉽게 그만둘 수 없다. 아이의 수준과 흥미에 딱 맞는 영어책 읽기는 재미있을 수밖에 없다. 영어 단어를 외우고 문법, 독해 문제를 풀던 아이들은 영어책 읽기를 통해 신세계를 경험한다.

영어 책읽기는 고통스러운 영어 공부와는 차원이 다르다. 내용에 빠져 읽다 보면 저절로 영어가 되는 마법이다. 아이는 그저 즐기면서 책을 읽기만 하면 된다.

초등 2학년인 주형이가 가장 좋아하는 작가는 Roald Dahl이다. Roald Dahl의 책은 몇 번이고 반복해서 읽고 음원도 듣는다. 그중에서도 제일 좋아하는 책 《Charlie and the Chocolate Factory》는 열 번도 넘게 읽었다. 영화로 만들어진 Roald Dahl의 작품을 자막 없이 보면서 즐긴다. 자신이 좋아하는 작가에 대해서는 원어민 선생님과도 한참을 이야기 나눈다. 주형이는 좋아하는 영어책을 읽고, 음원을 듣고, 영어로 영화를 본다. 이것이 바로 영어책에 푹 빠진 주형이가 영어를 습득하는 방법이다. 그것도 스스로 말이다.

몇 년 반짝하다가 금세 꺼지는 부실한 엔진이냐 아니면 평생 가도

쌩쌩하게 돌아가는 파워 엔진을 다느냐는 어릴 때의 영어책 읽기에 달려 있다. 그러니 부모와 교사는 아이들이 한시라도 빨리 흥미로운 영어책의 세계를 경험하도록 도와주어야 한다.

이야기가 있는 영어책을 읽는 것은 아이들이 언어의 장벽을 극복하는 데 훌륭한 내적 동기가 된다. 이야기를 읽으며 얻는 감동과 깨달음은 또 다른 이야기를 읽고 싶게 한다. 외국어라서 불편한 언어임에도 불구하고 이야기의 재미를 찾아 계속해서 읽게 만든다. 자발적이고 꾸준한 다독은 아이의 영어 실력을 저절로 높여 준다.

영어책 읽기로 파워 엔진을 단 아이는 지치지 않고 오래 달릴 수 있다. 영어책의 무궁무진한 세계는 아이에게 끊임없이 힘을 공급해 준다. 많이 읽을수록 영어책의 맛에 빠져서 더 힘차게 달린다.

CHAPTER

2

영어책 읽기로
아이의 두뇌 폭발시키기

초등 독서가 아이에게
미치는 영향

🍪 아이의 두뇌가 열리는 시기

아이의 두뇌는 초등학교에 다닐 무렵 열린다. 전두엽, 측두엽, 두정엽, 후두엽이 급속하게 발달한다. 이때 뇌를 활발하게 자극해 주는 활동을 한다면 어떻게 될까? 당연히 아이의 두뇌는 골고루 발달하게 될 것이다.

책 읽기는 뇌를 활발하게 자극하는 전뇌적인 활동이다. 텔레비전을 보면 우리 뇌의 40퍼센트가 활성화되고, 만화책을 읽으면 60퍼센트가 활성화된다. 그렇다면 책 읽기는 어떨까? 100퍼센트 활성화된다. 독서는 아이의 두뇌 전체를 활성화시켜 준다.

미국의 마르셀 저스트Marcel Just박사의 연구에 따르면 우리의 뇌에는 뇌 신경을 둘러싸고 있는 미엘린Myelin이라는 물질이 있는데 독서를 하면 뇌 신경이 자극되어 미엘린이 두꺼워진다고 한다. 미엘린이 많고 두꺼워질수록 정보 전달 속도는 빨라진다. 이처럼 독서는 정보를 더 빨리 처리할 수 있는 고속도로를 우리 뇌에 만들어 준다.

🍪 어릴 때의 독서 습관이 평생 간다

"습관을 조심해라. 운명이 된다."

영국 최초의 여총리 마가렛 대처Margaret Thatche의 말이다. 우리의 행동은 대부분 습관에서 비롯된다. 습관은 바로 자신이며 습관은 그 사람의 운명을 결정한다. '세 살 버릇 여든까지 간다'라는 말처럼 어릴 때 몸에 밴 습관은 평생을 따라다닌다.

그렇다면 어릴 때 들여서 평생 가져가야 할 습관은 무엇일까? 바로 독서 습관이다. 독서 습관을 제대로 들이면 공부는 저절로 잘하게 된다.

책을 많이 읽은 아이들은 인성도 바르다. 타인을 이해하고 배려할 줄 아는 아이는 사람들과 좋은 관계를 맺으며 행복한 삶을 꾸려 갈 수 있다. 이처럼 독서는 삶을 풍성하고 아름답게 가꾸어 준다.

내 아이가 지성과 인성을 갖춘 위대한 인물이 되기를 원한다면 더 늦기 전에 독서 습관을 들이게 하자. 책을 읽는 아이가 공부도 잘하고 배려심도 깊다. 독서 습관은 아이에게 줄 수 있는 가장 위대한 유산이다.

책 읽기는 가성비 확실한 교육법

어휘력을 확장시키는 가장 효과적인 방법

아이가 공부를 잘했으면 하는 것은 모든 부모의 바람이다. 공부를 잘하기 위한 핵심 능력은 바로 이해력이다. 이해력이 뛰어난 아이들이 공부도 잘한다. 선생님의 설명과 교과서의 내용을 잘 이해하면 공부를 잘할 수밖에 없다.

그렇다면 이해력을 높이기 위해서는 무엇이 필요할까? 바로 어휘력과 배경지식이다. 어휘력과 배경지식은 이해력의 밑바탕이 된다.

독서는 어휘력과 배경지식을 쌓는 가장 효과적인 방법이다. 책은 수많은 고급 어휘들로 가득 채워진 보물 창고다. 우리가 일상적으로 나누는 대화의 99퍼센트는 약 2,000개의 단어로 이루어져 있다. 그러니 아이가 일상생활의 대화로 배울 수 있는 어휘는 2,000개에 그칠 수밖에 없다. 반면에 책은 수천, 수만 개의 단어로 이루어져 있다. 그것도 일상에서 쓰는 단어보다 훨씬 더 높은 수준의 단어들로 말이다.

영어 단어를 익힐 때도 책을 통해 배우면 훨씬 더 수준 높고 다양한 어휘를 자기 것으로 만들 수 있다. 자신의 생각을 풍부하고 깊이 있게 표현할 수 있으며 논리적으로 말하고 나아가 그것을 글로 쓰게 된다.

영어가 모국어인 미국에서도 독서 교육을 매우 중요하게 생각한다. 미국의 초등학교에서는 도서관 환경을 체계적으로 정비해 다양하고 깊이 있는 독서 프로그램을 진행한다. 도서관에는 독서 지도 선생님들이 상주하고 있어 아이들이 올바른 독서를 할 수 있도록 지도해 준다. 미국 초등학생들 사이에서도 어휘력의 편차는 큰 편인데 책을 얼마나 많이 읽느냐에 따라 어휘력이 좌우된다고 볼 수 있다.

3살 서준이는 아빠, 엄마도 모르는 단어들을 말할 때가 있다. 특히 바다 생물에 대해 이야기할 때 그렇다. 민꽃게, 농게, 밤게, 칠게, 엽낭게를 사진으로 보고 구분하며 모두 정확한 이름을 말한다. 영어도 마찬가지다. Great white shark백상아리, Nurse shark수염상어, hammerhead shark귀상어, Goblin shark마귀 상어 등 다양한 상어 이름을 알고 있다. 수산물 시장에 가면 Sea urchin성게, Ray가오리, Clam조개, Squid오징어, Crab게 등을 가리키며 영어로 이름을 말한다. 바다 생물을 좋아해 관련 책들을 많이 읽어 주었더니 스스로 이름을 외운 것이다. 읽어 주는 엄마는 관심이 없어서 금세 잊어버리는데 아이는 유심히 보고 단어를 기억 창고에 저장한다. 실제로 볼 기회가 거의 없었는데 오직 책을 통해서 익혀 자기 것으로 만든 것이다.

◔◕ 배경지식이 많을수록 이해력도 좋다

필자는 어학원에서 10년 넘게 IBT 토플 강의를 진행했다. 토플은 영어를 모국어로 하지 않는 사람들을 대상으로 학문적인 영어 구사 능력을 평가하는 미국 ETS사의 시험이다. 학문적인 영어 구사 능력을 평가하는 시험이기 때문에 리딩 파트의 독해 지문도 상당히 전문적인 내용으로 출제된다. 리딩 파트에서 높은 점수를 받으려면 영어 실력도 중요하지만 그보다 중요한 것이 바로 배경지식이다.

예를 들어 '미국의 독립 혁명'에 관한 내용이 시험에 나왔다고 가정해 보자. 관련 분야의 배경지식이 있는 사람이라면 어렵지 않게 풀 수 있을 뿐만 아니라 정답률도 자연히 높아진다.

그렇기 때문에 토플 수업 시간에는 미국의 인물, 역사, 문화에 대한 배경지식을 충분히 쌓게 한다. 독해 지문에 대한 배경지식 유무가 성적에 큰 영향을 주기 때문이다. 영어 실력에 배경지식까지도 포함되는 것이다.

아이들이 읽는 영어책에는 특히 할로윈을 소재로 한 책이 많은데, 직접 축제를 경험하지 않았더라도 관련 책을 읽음으로써 간접적으로나마 느낄 수 있다. 관련 배경지식뿐만 아니라 작가들의 무궁무진한 상상력을 통해 실제 경험하는 듯한 생동감을 느낄 수 있다. 그 나라의 문화를 이해하면 관련 어휘와 표현은 쉽게 기억되며 배경지식도 깊어진다.

우리 아이가 깊고 넓은 이해를 바탕으로 영어를 구사하기 원하는가? 그렇다면 영어책 읽기가 답이다.

🍩 책은 상상력 공장이다

세상에서 상상력이 가장 뛰어난 사람은 누구일까? 바로 책을 쓴 작가들이다. 아이의 상상력이 풍부해지기를 원한다면 상상력의 대가를 만나게 해 주면 된다. 책을 읽는다는 것은 상상력의 대가와 만나 대화를 나누는 것과 같다. 상상력의 대가들이 자신의 상상력을 쏟아 부어 만든 것이 바로 책이기 때문이다.

필자의 영어 도서관에서 아이들과 상상력을 마음껏 펼치며 읽은 책이 있다. 바로 'Magic Tree House' 시리즈이다. 시간과 공간을 초월한 여행을 하는 Annie와 Jack의 모험을 따라가다 보면 아이들은 자신도 모르게 그 장소에 가 있는 듯한 착각에 빠진다. 시리즈 중 《Carnival at Candlelight》는 르네상스 시대의 베니스 가면 축제를 배경으로 하는데, 읽다 보면 Annie와 Jack과 함께 베니스의 곤돌라를 타고 그곳에 간 듯한 기분마저 든다. 축축한 안개가 내린 밤공기와 불빛이 뿌옇게 퍼진 베니스의 거리를 걷는 듯하다. 베니스의 풍경, 냄새, 소리 등을 상상하며 책을 읽기 때문이다.

'Magic Tree House'의 작가 Mary Pope Osborne은 상상력의 대가답게 베니스의 아름다움을 세밀하게 묘사함으로써 독자로 하여금 그 이미지를 떠올려 빠져들게 한다.

아이가 책을 읽는 것은 상상력의 대가에게 과외를 받는 것이나 마찬가지다. 그들과 만나 대화를 나누다 보면 아이의 상상력에는 저절로 날개가 달린다.

🍪 모든 책은 통한다

'우리 아이가 영어책을 좋아했으면 좋겠어요'라고 말하는 부모님께 필자는 '아이가 혹시 한글책을 좋아하나요?'라고 꼭 물어본다. 한글책을 좋아하는 아이가 영어책도 좋아한다. 물론 처음에는 시간이 걸릴 수 있지만 쉽고 재미있는 책부터 읽도록 배려해 주고 기다리다 보면 분명 영어책도 좋아하게 된다.

한글책을 많이 읽어서 어휘력과 배경지식이 탄탄한 아이는 영어책도 쉽게 이해한다. 한글책만 많이 읽는 아이보다 한글책과 영어책을 함께 읽는 아이의 어휘력, 표현력, 이해력, 사고력이 더 풍부하고 깊다.

가성비 영어

CHAPTER 2

모든 책은 통한다. 책과 책은 만나서 더 넓고 깊은 바다를 이룬다. 영어로 책을 읽을 수 있다는 것은 아이가 만나는 책의 세계를 무한대로 확장시킴을 의미한다.

책을 읽으면 뇌가 춤춘다?

뇌를 활성화시키는 책 읽기

EBS 〈세계의 교육현장〉에는 책을 읽을 때 나오는 뇌파를 연구한 결과인데 사람의 뇌에 수많은 전극을 연결해서 뇌파를 측정한 결과이다. 그 결과 독서를 할 때는 뇌가 활발하게 움직이는 반면, 게임에 중독된 사람의 뇌는 거의 움직임이 없었다. 책을 읽고 있을 때는 뇌의 최고 사령탑인 전두엽 부위가 활성화되는 반면, 게임 중에는 손과 눈만을 사용하기 때문에 뇌가 활성화되지 않았다. 책을 읽을 때의 뇌파를 촬영한 영상을 보면 빨간 불이 여기저기서 들어오는데 꼭 뇌가 춤을 추는 것 같다.

책 읽기는 뇌를 활성화시키는 최고의 활동이다. 책을 많이 읽을수록 뇌는 더욱 훈련된다. 소위 말하는 영재와 천재는 독서를 빼놓고는 탄생할 수 없다.

인간의 뇌에는 미엘린이라는 피막이 뇌 신경을 둘러싸고 있는데 미엘린이 두꺼울수록 정보 전달이 빨라진다. 미국 피츠버그 대학의 마르셀 저스트 박사는 '아이들이 책 읽기와 같은 사고 과정을 반복하면 뇌 신경이 자극되어 더 많은 미엘린이 생산된다'고 주장한다. 미엘린이 두꺼운 신경 회로는 그렇지 않은 것에 비해 전달 속도가 100배나 더 올라가고 신경 회로의 효율은 3,000배가 된다.

책 읽기 훈련을 거쳐 성숙해진 뇌는 단시간에 더 많은 정보를 처리할 수 있다. 초보 독서가의 뇌는 정보를 처리하는 데 시간과 노력이 많이 들지만, 숙련된 독서가의 뇌는 정보를 쉽고 빠르게 처리한다. 정보를 빨리 처리할수록 더 많은 책을 읽을 수 있고 그 결과 더 많은 정보를 더 빨리 처리하게 되는 선순환 고리가 만들어진다. 이처럼 독서는 우리 아이들의 두뇌를 초고속 LTE로 만들어 준다.

가성비 영어

CHAPTER 2

두뇌는 이야기를 좋아한다

이야기의 강력한 힘

이야기의 힘은 강하고 오래간다. 강력한 이야기는 두뇌에 오래 저장된다. 보통 우리가 지식을 받아들일 때 처음에는 단기 기억 장치에 저장되었다가 그중 의미가 있는 것들만 장기 기억 장치에 저장된다. 그래서 벼락치기로 공부한 지식은 시험이 끝나면 이내 사라져 버린다. 무의미하게 외웠기 때문이다. 지식을 습득하는 가장 좋은 방법은 이야기를 통해서 기억하는 것이다.

페이스북의 창시자 마크 저커버그Mark Elliot Zuckerberg는 긴 서사시 〈일리아드〉를 암송하여 주위 사람들을 놀라게 했는데 이처럼 줄거리가 있는 이야기는 아무리 길어도 암기할 수 있다. 의미 부여가 되어 있어 보다 오래 기억된다.

🍪 이야기를 집어삼키는 아이들의 두뇌

엉뚱하지만 발랄하고 실수투성이인 가정부 이야기 《**Amelia Bedelia**》에서 집주인 Mrs. Rogers는 Amelia에게 해야 할 집안일 목록을 주고 외출하는데, 그 목록은 다음과 같다.

1. Change the towels in the green bathroom.

   초록 화장실에 있는 수건을 갈아 주세요.

2. Dust the furniture.

   가구의 먼지를 털어 주세요.

3. Draw the drapes when the sun comes in.

   해가 들면 커튼을 쳐 주세요.

4. Put the lights out when finish in the living room.

   거실에서의 볼일이 끝나면 불을 꺼 주세요.

5. Measure two cups of rice.

   두 컵의 쌀을 재 주세요.

6. Please trim the fat before you put the steak in the icebox.

   스테이크를 냉장고에 넣기 전에 지방은 손질해 주세요.

7. Please dress the chicken.

   닭고기를 다듬어 주세요.

책을 읽기 전에 아이들에게 먼저 Amelia가 해야 할 7가지 일을 외워 보게 했는데, 다들 생소한 단어와 표현을 외우지 못하고 힘들어했

다. 이틀 후, 책을 읽기 전에 외웠던 내용을 말해 보게 하자 거의 기억하지 못했다.

그런 다음 《Amelia Bedelia》를 함께 읽었다. 책에서 첫 번째 할 일인 'Change the towels'을 잘못 이해한 Amelia는 수건을 가위로 잘라 다른 모양으로 바꿔 버렸다. 두 번째 할 일인 'Dust the furniture'는 가구에 파우더를 뿌리는 것으로 이해하고 온통 하얀 가루로 덮어 버린다. 세 번째 'Draw the drapes'는 커튼을 치라는 말인데 커튼을 그리고 만다.

이렇게 Amelia는 해야 할 일을 모두 엉뚱하게 해서 급기야 해고될 위기에 처하지만, 그녀가 만든 맛있는 레몬 파이 덕분에 계속 가정부로 일하게 된다. 아이들은 엉뚱 발랄한 Amelia의 이야기를 읽으며 웃음을 터뜨렸다.

책을 읽고 나서 다시 7가지 일을 외워 보게 하자 아이들은 정확하게 기억해 냈다. 며칠이 지나서도 여전히 기억하고 있었다. 무작정 외우라고 하면 외워지지 않지만, 재미있는 이야기를 통해 배우면 외우기도 쉽고 기억에도 오래 남는다.

《Sideways Stories from Wayside School》에는 30명가량의 주인공 아이들이 나온다. 총 30개의 챕터로 구성된 이 책에는 각 챕터마다 서로 다른 이야기가 전개된다. 아이들과 이 책을 읽은 뒤 주인공 학생의 특징에 대해 말해 보는 시간을 가졌는데, 놀랍게도 주인공 30명의 이름과 특징을 모두 완벽하게 외웠다.

만약 30명의 이름과 특징이 적혀 있는 목록을 주고 외우게 했다면 어떻게 되었을까. 아마 그 자리에서 30명을 다 외우기는 불가능했을 것이다. 적지 않은 내용을 다 외울 수 있었던 것은 주인공의 인상적인 일화 덕분이었을 것이다.

세 살짜리 아이에게 구아바, 망고, 아보카도 등의 생소한 열대 과일 이름을 외우게 하는 것은 무리다. 하지만 《Handa's Surprise》에서 동물들이 나타나 과일을 하나씩 가져가는 것을 보면 Handa의 바구니 안에 있었던 일곱 가지 열대 과일 이름을 모두 외울 수 있다. 원숭이는 바나나를 가져가고 타조는 구아바를 가져갔다고 하면서 말이다. 이것이 바로 재미있는 이야기의 힘이다.

오래 전에 읽었던 책도 엊그제 읽은 것처럼 자연스럽게 떠올리는 아이들을 보고 있으면 새삼 놀랍다. 아이들은 책에 나왔던 주인공의 이름은 물론이고, 세세한 표현과 단어까지도 잊지 않고 기억해 낸다.

가성비 영어
CHAPTER 2

우리 아이들의 뇌는 흥미진진한 이야기의 흐름을 좋아한다. 얼마나 좋아하는지 이야기를 통째로 집어삼켜 버린다. 이야기를 통해 기억한 지식은 오래가며 이렇게 쌓인 지식과 경험은 훗날 훌륭한 배경지식이 된다.

소리 내어 읽기의 힘은 세다

🍪 뇌를 구석구석 마사지해 주는 소리 내어 읽기

"오랜 세월 동안 뇌 기능을 연구해 왔는데, 음독을 할 때만큼 뇌 영역이 골고루 활성화된 예가 없었다. 인간의 뇌를 가장 활성화하는 행동은 바로 음독이 아닌가 싶다."

일본 뇌 과학계의 1인자 가와시마 류타 교수의 말이다. 그는 MRI를 이용한 인간의 뇌 연구에서 소리 내어 읽기가 뇌 혈류를 촉진시켜 뇌가 활성화됨을 밝혀냈다. 소리 내어 문장을 빠르게 읽는 것은 뇌 활동을 활발하게 하여 뇌를 단련하는 데 효과적이라는 연구 결과를 얻었다. 그는 소리 내어 읽기 활동이 창의력, 기억력을 담당하는 전두엽에 영향을 주어 뇌를 단련시킨다고 주장했다.

소리 내서 책을 읽을 때 아이의 두뇌는 모든 영역이 활성화된다. 예를 들어 아이가 'I am a girl and I am ten years old'라는 문장을 소리 내어 읽는다고 가정해 보자. 아이는 가장 먼저 눈으로 문장을 읽는데 눈으로 들어간 정보는 두뇌의 시각 피질을 활성화시킨다. 그런 다음 읽은 문장을 이해하려 한다. 이때 언어를 이해하는 부분인 베르니케 영역Wernicke's area과 말로 표현하는 브로카 영역Broca's area이 작동한다. 눈으로만 읽은 것이 아니라 소리 내어 읽고 있기에 소리를 처리하는 청각 피질이 활성화된다. 입을 움직여 문장을 말하기 위해 운동 피질이 함께 활성화된다.

즉, 소리 내서 책을 읽으면 시각 피질, 베르니케 영역, 브로카 영역, 청각 피질, 운동 피질에 모두 자극이 간다. 두뇌 대부분의 영역을 자극하고 활성화시키는 소리 내어 읽기는 우리 아이의 뇌 구석구석을 마사지해 준다.

🍪 영어 말하기가 유창해지는 소리 내어 읽기

EBS 다큐프라임 〈한국인과 영어〉에서는 소리 내어 읽기가 영어 공부에 얼마나 도움이 되는지 알아보기 위해 한 가지 실험을 진행했다. 초등학생 8명을 대상으로 한 달 동안 영어 동화책을 매일 소리 내어 읽게 한 뒤 그 변화를 측정했다.

그 결과, 8명의 평균 독해력은 70.25에서 90.25로, 발음은 20.37에서 33.75로, 읽는 속도는 51.62에서 62.5로 모든 영역에서 점수가 향상되었다.

그뿐만이 아니었다. 실험에 참여했던 아이들은 한 달 동안 소리 내어 읽기 연습을 한 뒤로 영어 말하기에 흥미와 자신감을 보였다.

소리 내어 읽기를 꾸준히 연습하면 영어 말하기가 유창해진다. 처음에는 단순히 큰 소리로 읽는 데 그치는 것 같지만, 연습량이 쌓이면 발음도 좋아지고 말하는 속도도 빨라진다. 책에서 큰 소리로 읽었던 문장이 어느새 일상에서 말하기로 쏟아져 나온다.

주형이는 영어책을 소리 내서 읽기를 즐긴다. 음원을 듣고 주인공의 목소리를 성대모사 하듯이 그대로 따라 한다. 그 모습은 마치 한 편의 역할극같다. 주형이처럼 하다 보면 자기도 모르게 들리는 대로 발음과 억양을 따라 하게 된다.

주형이의 영어 말하기는 시간이 갈수록 점점 더 유창해졌는데, 반복해서 읽은 책 내용을 줄줄 외우기 시작하더니 이내 그 문장을 일상생활에서도 활용했다. 소리 내어 읽기를 통해 쌓인 다양한 표현이 주형이의 입에서 쏟아져 나왔다. 가장 큰 성과는 주형이가 영어 말하기에 자신감이 생긴 것이었다. 이제 주형이에게는 영어로 수다 떠는 것이 하나의 특기가 되었다.

옛날 우리 조상들은 서당에 학동들을 모아 놓고 큰 소리로 읽기를 시켰다. 선비들 역시 사랑방에서 큰 소리로 책을 읽었다. 일찌감치 소리 내어 읽기의 위력을 알고 있었던 것이다. 두뇌를 단련하고 언어 능력을 발달시키는 방법을 지혜로써 터득했던 것이다.

어떤 언어이든 소리 내어 읽게 하라. 그러면 아이의 언어 능력은 향상되고 말하기 역시 유창해질 것이다.

많이 읽기 The more you read, the better you read

책 읽기의 마태 효과

마태 효과 The Mathew Effect 란 성경의 마태복음에 있는 '무릇 있는 자는 받아 풍족하게 되고 없는 자는 그 있는 것까지 빼앗기리라'는 구절에서 비롯된 사회학적 용어로 부자는 더욱 부자가 되고, 가난한 자는 더욱 가난해지는 현상을 일컫는다.

마태 효과는 읽고 쓰는 능력을 습득하는 데도 적용이 된다고 심리학자 키스 스타노비치 Keith Stanovich 는 주장한다. 읽기에 능숙한 아이와 익숙하지 않은 아이의 격차는 학년이 올라갈수록 그 차이가 커진다. 읽기에 능숙한 아이들은 더 많은 책을 읽게 되고 익숙하지 않은 아이들은 더 읽지 않게 된다.

아이들이 영어책을 읽을 때도 마태 효과는 뚜렷하게 나타난다. 1분당 단어 20개를 겨우 읽는 아이는 영어책 한 권을 읽는 데도 많은 시간이 걸린다. 속도가 나지 않으니 힘들고 지루해한다. 반면에 분당 수백 단어를 읽는 아이는 빠른 속도로 책을 읽으며 내용에 빠져든다. 쉽게 읽고 이해도 빠르다. 그 결과 책 읽기에 재미를 붙여서 더 많은 책을 읽게 된다.

초등 4학년인 현수는 한 달에 영어책을 100권 이상 읽는다. 그중에는 미국 초등학교의 고학년이 읽는 소설책도 있다. 어머니는 현수가 4살일 때부터 영어 그림책을 읽어 주셨는데 지금도 집에 가 보면 영어책이 가득하다. 어릴 때부터 자연스럽게 책을 접하다 보니 현수는 혼자서 읽는 것도 남들보다 빨리 시작했다.

책을 읽는 현수를 보고 있으면 '어떻게 저렇게 빨리 읽을 수 있나' 하는 생각이 들 정도로 놀라웠다. 양과 수준도 엄청났지만, 더 놀라운 것은 책을 읽은 다음이었다. 다 읽은 책의 내용을 물어보면 세세하게 다 기억하고 있었다. 현수처럼 책 읽기를 많이 한 아이들은 속도도 빠르지만 정보 처리 능력 역시 우수하다. 많이 읽을수록 더 많은 정보를 처리하며 읽게 된다고 할 수 있다.

뇌 과학 분야의 전문가들에 따르면 읽기 능력이 발달할수록 두뇌 속에 문자만을 인식하는 특수 부위가 생겨난다고 한다. 그 결과 특수 부위가 개발된 두뇌는 문자를 해독하는 데 드는 에너지 소모가 자연히 줄어든다. 적은 연료로도 멀리 갈 수 있는 연비 높은 두뇌가 되는 것이다. 연비 높은 두뇌를 가진 아이는 같은 에너지를 가지고도 더 많은 단어를 읽을 수 있다. 짧은 시간에 많은 단어를 읽고 이해한다.

조금만 책을 읽어도 잠이 오고 머리가 아프다는 아이들이 있는데, 단어를 읽고 이해하는 데 많은 노력과 에너지가 들어서 그렇다. 그런 아이들은 문장 한 줄을 읽는 데도 시간이 많이 걸리고 힘들어한다.

반면에 몇 시간을 책에 빠져 읽는 아이들도 있다. 힘들어하기는커녕 시간이 어떻게 가는 줄도 모른다. 이는 아이의 두뇌에 읽기에 관여하는 영역이 발달되어 있느냐 그렇지 않느냐의 차이라고 할 수 있다.

🍪 많이 읽고 많이 생각한 두뇌는 빅뱅을 경험한다

영화 〈트렌스포머〉에서 주인공은 큐브 조각을 손에 넣게 되어 초능력을 갖게 되는데, 이때 책장을 양손으로 넘기며 무서운 속도로 읽어 나가는 장면이 나온다.

책 읽기의 기술을 터득한 아이들은 〈트렌스포머〉의 주인공처럼 무서운 속도로 책을 삼켜 버린다. 엄청난 양의 정보를 자기 것으로 만들어 지식 창고에 쌓아 간다. 방대한 배경지식을 축적한다.

현수는 한 번 자리에 앉으면 보통 몇 십 권의 영어책을 쌓아 놓고 읽는다. 책장을 훌훌 넘기며 빠른 속도로 읽어 간다. 책을 워낙 많이 읽다 보니 현수의 배경지식은 깊고 넓었다. 분야를 넓혀 가며 꼬리에 꼬리를 물고 이야기를 이어 갔다. 현수의 두뇌에 쌓인 방대한 지식은 흘러넘쳐 끊임없는 이야기로 만들어졌다.

어린 시절 단기간에 많은 책을 읽는 경험을 하면 두뇌에 빅뱅이 일어난다. 위대한 업적을 남긴 이들만 봐도 그 사실을 알 수 있다. 에디슨은 디트로이트 시립 도서관의 책을 모조리 읽었고, 빌 게이츠는 초등학교 시절의 대부분을 도서관에서 책에 파묻혀 지냈다.

많이 읽고 많이 생각한 두뇌는 빅뱅이 일어난 것처럼 폭발적으로 팽창한다. 부모는 아이가 폭발적인 책 읽기를 경험하도록 도와주어야 한다.

초등 영어,
책 읽기로 끝내기

방대한 어휘를 집어삼키는 책 읽기

단순 암기는 장기 기억으로 저장되지 않는다

하루 20분씩 꾸준히 읽다 보면 마술처럼 영어가 저절로 돼요.

소리 내어 읽어 주세요, 영어가 들려요.

소리 내어 읽어 주세요, 영어를 읽어요.

소리 내어 함께 읽어 보세요, 영어로 말을 해요.

충분히 읽어 주세요, 영어로 글쓰기를 해요.

매일 매일 읽어 주세요, 어휘력이 훌쩍 자라요.

이명신, 《하루 20분 영어 그림책의 힘》

수준 높은 영어를 구사하기 위해서는 어휘력이 필수다. 미국 8학년
(중학교 2학년) 수준의 소설을 읽고 IBT, TEPS와 같은 시험에서 높은 성
적을 받으려면 1만~1만 5천 개의 단어를 알아야 한다(대학 교육을 받은

영미권의 성인이 사용하는 단어는 평균 2만 개다). 그렇다면 1만 개 이상의 단어를 제대로 알고 활용하기 위해서는 어떻게 해야 할까?

프란시스칸 대학의 영문학 교수 프랭크 허먼Frank Hermann은 영어를 외국어로 배우는 대학생들을 대상으로 한 가지 실험을 했다. A그룹은 조지 오웰의 《동물농장》에 나오는 단어 목록을 외우게 했고, B그룹은 그냥 책을 읽게 했다.

일주일 뒤, 단어 시험을 보자 목록을 암기한 A그룹의 성적이 좋았다. 3주 뒤에 시험을 봤을 때는 두 그룹 간의 성적 차이가 크지 않았다. 시간이 더 지나서 시험을 봤을 때는 단어를 암기한 A그룹은 성적이 떨어졌지만, 책을 읽은 B그룹의 성적은 올라 있었다.

단순히 단어의 철자와 뜻을 외우는 방식은 단기 기억에만 저장될 뿐장기 기억에는 저장되지 않는다. 그 결과 시간이 지나면 모두 잊어버리게 된다. 단어를 외울 때 단순히 단어장을 보고 무작정 외우는 것은 곧무너질 모래성을 쌓는 것과 같다. 지금 당장은 아는 것 같지만 며칠 뒤면 기억 창고에서 빠져나간다.

🐾 이야기 안에서 만난 단어는 오래간다

책을 통해 단어를 익힌 학생들이 더 오래 기억할 수 있었던 것은 우리 뇌가 이야기를 좋아하기 때문이다. 여기서 뇌가 좋아한다는 것은 오래 기억한다는 의미이기도 하다. 이야기에서 연상된 단어는 기억 창고에 오래 저장된다.

꼬마 탐정 이야기 'Nate the Great' 시리즈 중 《Nate the Great and the lost list》에서는 암기에 효과적인 방법을 소개하는데, 그중 하나가 바로 단어를 넣어 이야기를 만드는 것이다.

예를 들어 장 보기 목록Grocery list에 연어Salmon, 빨간색 식용 색소Red food coloring, 달걀Eggs이 있어 외워야 한다면 이 세 단어를 넣어 재미있는 이야기를 만드는 것이다.

'연어가 알을 낳기 위해 강을 거슬러 올라간다. 하지만 물살을 거슬러 올라가는 것은 힘들다. 연어의 얼굴이 새빨갛게 변한다. 마침내 연어가 알을 낳았다. 그런데 닭의 알을 낳았다.'

어떠한가? 연어, 빨간색 식용 색소, 달걀이 이야기와 연관되어 자연스럽게 머릿속에 남는다. 몇 달이 지나서 세 가지를 떠올려도 선명하게 기억이 날 것이다. 이처럼 이야기를 통해 만난 단어는 오래 기억된다. 이것이 바로 이야기가 가진 힘이다.

🍪 책을 읽으면 모르는 단어를 유추하는 능력이 발달한다

책을 많이 읽을수록 모르는 단어의 뜻을 짐작해서 유추해 내는 능력이 발달한다. 모르는 단어 주변의 문맥을 파악하는 훈련이 되기 때문이다. 다음은 Roald Dahl의 《The Twits》에 나오는 내용이다.

"A hairy face is a very different matter. Things cling to hairs, especially food."

수염을 기른 얼굴은 다르다. 수염에는 무언가가 묻기 마련이다. 특히 음식 찌꺼기가 그렇다.

멍청이 씨의 긴 턱수염에는 음식이 Cling하는데, 여기서 Cling의 뜻이 '매달리다, 달라붙다'임을 몰라도 앞뒤 문맥의 흐름에 따라 음식이 '묻다, 달라붙는다'로 유추할 수 있다.

영어책을 많이 읽은 아이들은 모르는 단어가 나와도 사전을 찾아보지 않는다. 모르는 단어 주변에 있는 단어로 문장을 파악하고 의미를 유추하며 읽어 나간다.

이렇게 논리적으로 단어의 뜻을 유추하는 힘은 책을 읽을수록 점점 더 강력해진다. 굳이 사전을 찾아보지 않아도 모르는 단어의 의미를 알아내고 스스로 습득해 간다.

🍪 문맥에 따라 바뀌는 단어의 뜻과 용법을 습득한다

영어에는 문맥에 따라 의미가 바뀌고 쓰임이 달라지는 단어가 많다. 예를 들면 이런 것이다. Book은 '책'이면서 '예약하다'이고, Ball은 '공'이면서 '무도회'이다. Change는 '변화'이면서 '거스름돈'이다. 철자는 같지만 수십 가지의 다른 뜻을 가진 단어들도 많다. 이처럼 단어의 다양한 쓰임은 뜻만 외워서는 절대로 습득할 수 없다. 책을 읽으면서 이야기의 흐름과 문장을 통해 익힐 때 자연스럽게 습득된다.

'Amelia Bedelia' 시리즈는 영어의 다의어를 익히는 데 좋은 책이다. 가정부 Amelia Bedelia는 영어 단어의 뜻을 잘못 이해해서 늘 실수를 반복한다. 집주인 Mrs. Rogers는 가정부인 Amelia에게 해야 할 집안일의 목록을 적어 두고 외출하는데 다음은 그 예문이다.

"Draw the drapes when the sun comes in." 해가 들면 커튼을 치세요.

이 문장에서 draw는 '커튼을 치다'라는 의미인데 Amelia는 '그리다'로 이해해서 커튼을 그린다.

"Dress the chicken." 닭고기를 손질해 놓으세요.

이 문장도 마찬가지다. Dress는 '음식 재료를 다듬다'라는 뜻인데 Amelia는 '옷을 입히다'로 이해하고 닭고기에 옷을 만들어 입힌다.

이처럼 Amelia는 문맥에 따라 의미가 바뀌는 단어의 쓰임을 제대로 이해하지 못하고 귀여운 실수를 연발한다. 아이들은 Amelia의 엉뚱한 행동을 보고 웃으면서 영어 단어의 다양한 의미와 활용을 자연스럽게 익힌다.

'Dress'를 '옷을 입히다, 음식 재료를 다듬다'라고 철자와 뜻을 외우게 하면 아이들은 금방 잊어버린다. 하지만 Amelia를 통해 이야기를 떠올리다 보면 영어 단어의 다양한 뜻과 활용을 제대로 이해하게 된다.

◌◌ 언어의 마술사가 되다

영미권의 유명한 작가가 쓴 표현과 문장은 문제집에 나오는 것과는 차원이 다르다. 책에는 아름답고 상상력이 넘치는 문장으로 가득하다.

빛나는 보석과 같은 문장으로 수놓아진 책을 읽으면 아이들의 표현력이 달라진다. 언어의 우물이라도 채운 듯 언어의 마술사가 된다.

Mo Willems의 **'Elephant and Piggie'** 시리즈는 서준이가 가장 좋아하는 책으로 덩치가 크고 소심한 코끼리와 낙천적인 돼지의 유쾌하고 아름다운 우정 이야기를 담고 있다.

어느 날 냉장고에서 아이스크림을 꺼내 서준이에게 주었더니 'Oh, boy! Oh, boy! I love ice cream!'이라고 외쳤다. 《**Should I Share My Ice Cream?**》에서 코끼리가 아이스크림을 들고 했던 문장을 그대로 따라 한 것이다. 감탄사의 뜻을 배우기도 전에 그림책을 보고 어떤 상황에서 해야 하는 말인지 익혀 버린 것이다.

6살 세현이는 Dr. Seuss의 그림책을 좋아한다. 그중에서도 《**Green Eggs and Ham**》은 세현이의 어머니가 많이 읽어 주셨던 책이다. 언젠가부터 세현이는 싫어하는 음식을 보면 'I do not like milk. I do not like carrots'이라고 말하기 시작했는데, 책에 나오는 'I do not like green eggs and ham'이라는 문장을 자기 상황에 맞게 끌어다 표현한 것이었다.

아이들은 영어책에서 보고 들은 표현을 온몸으로 받아들인다. 수십, 수백 가지의 표현을 익혀 일상생활에 응용한다. 이처럼 위대한 작가들의 책을 읽은 아이들은 언어의 마술사가 된다.

저절로 문법이 익혀지는 책 읽기

🍪 문법은 공부하는 것이 아니라 체득하는 것이다

"문법은 배우기보다는 체득하는 것이다. 문법을 올바로 사용하는 길
은 감기에 걸리는 것과 같다. 노출되어 전염되는 것이다. 올바르게 표
현된 언어를 들음으로써 말하고 쓸 때 그 표현을 흉내 내게 된다."

《하루 15분 책 읽어주기의 힘》의 저자 짐 트렐리즈Jim Trelease의 말이다.

예전에 캐나다에서 온 친구에게 한국어 문법을 가르쳐 준 적이 있었
는데 상당히 애를 먹었다. 늘 말하고 쓰는 것이라 쉬울 줄 알았는데
막상 설명하려니 쉽지 않았다. 우리말의 문법 규칙이 그렇게나 복잡하
고 어려운 줄은 미처 몰랐다.

사실 문법 규칙은 다들 잘 모르지만 쉽게 말하고 쓴다. 왜 그럴까?
그것은 짐 트렐리즈의 말대로 올바르게 표현된 언어에 노출됨으로써
자연스럽게 체득했기 때문이다. 소리 내어 말하고 써 보면 어떤 표현이

문법적으로 옳은지 그른지를 판단할 수 있다.

영어권의 나라에서 오랫동안 생활하다가 한국에 온 아이들을 가르쳐 보면 문법 규칙은 잘 모르지만, 옳은 문장과 틀린 문장을 바로 구별해 낸다. 이때 그 이유를 물어보면 그냥 그렇게 쓰는 것이라고 대답한다.

그러니 더는 우리 아이들에게 주입식 교육으로 문법을 가르치려 하지 말자. 문법을 공부해야만 바른 문장을 쓸 수 있는 것은 아니니까. 바른 문장을 자주 접하는 것만으로도 얼마든지 문법을 익힐 수 있다. 그것도 아주 재미있게.

🍪 가정법과 사역 동사를 그림책으로 배우는 아이들

여느 날처럼 아이들에게 영어 그림책을 읽어 주다가 가정법이 나와 깜짝 놀란 적이 있는데 그뿐만이 아니었다. 현재 완료 시제도 나오고 사역 동사도 나왔다. 문제는 그런 영어책이 한두 권이 아니었다. 문법 책으로 문법을 공부한 사람이라면 입을 다물지 못했을 것이다.

가이젤 상을 받은 Jon Klassen의 그림책 《I want my hat back》에는 모자를 잃어버린 곰이 나온다. 이때 곰이 모자를 찾아다니며 다른 동물들에게 하는 말이 바로 'Have you seen my hat내 모자 봤어?'이다. 여기서 모자를 보지 못한 거북이는 'I haven't seen anything all day.종일 아무것도 못 봤는데'라고 대답한다. 중학교 2학년이나 되어야 배우는 현재 완료 시제가 미취학 아동들이 보는 그림책에 나온 것이다.

칼데콧 상을 받은 Mo Willems의 그림책 《Don't let the pigeon

drive the bus!》에서는 제목에 사역동사 Let이 나온다. 중학생들은 학교에서 영어 문법을 배울 때 '사역 동사 Let 다음에는 목적어가 나오고 목적격 보어로 동사 원형이 온다'고 배운다.

체코 출신의 작가 Petr Horacek의 《Silly Suzy Goose》에서는 다른 동물을 부러워하는 거위 수지가 'If I was a kangaroo, I could jump, jump and jump.내가 캥거루라면 뛰고, 뛰고 또 뛸 수 있을 텐데'라고 가정법 문장을 구사한다.

영어 그림책을 많이 읽다 보면 가정법, 현재 완료 시제, 사역 동사가 영어를 모국어로 하는 사람들에게는 문법이 아닌 일상에서 사용하는 표현임을 깨닫게 된다. 그래서 어린아이들이 읽는 그림책에도 그런 표현이 수시로 등장하는 것이다.

영어 그림책에는 쉽고 어려운 문법의 구분이 없다. 그저 살아 있는 언어로 녹아져 있을 뿐이다. 아이들은 책을 읽으면서 자연스럽게 문법을 습득한다. 현재 완료 시제는 'have+p.p'이니까 have 다음에 seen이 와야 한다는 어렵고 딱딱한 규칙 대신 책에서 읽었던 문장을 떠올린다. 곰이 모자를 잃어버렸을 때 애타게 외쳤던 'Have you seen my hat?'을 말이다. 그 결과 열심히 문법을 외워도 문장으로 활용하지 못하는 죽은 영어가 아닌, 자연스러운 깨달음을 통해 얻은 살아 있는 영어를 구사한다.

살아있는 영어를 습득하는 방법은 오직 하나, 영어책을 많이 읽는 것이다.

글쓰기가 쉬워지는 책 읽기

책 먹는 아이, 폭발하는 글쓰기

프란치스카 비어만Franziska Biermann의 《책 먹는 여우》의 주인공 여우 아저씨는 책을 너무 좋아한 나머지 책을 다 읽고 나면 소금과 후추를 쳐서 꿀꺽 먹어 버린다. 가난해서 책을 살 수 없게 되었을 때는 도서관 책을 훔쳐다가 먹었다. 그마저도 도서관 사서에게 들켜 도서관에 못 가게 되자 책이 너무 먹고 싶었던 여우 아저씨는 서점에서 책을 훔치다가 경찰에게 잡혀서 결국 감옥에 가게 된다. 감옥에 갇혀 책을 먹지 못하게 된 여우 아저씨는 슬픔에 잠겼지만 이내 글쓰기로 행복을 되찾고, 마침내 책에서 읽었던 멋진 표현과 문장들을 토대로 멋진 글을 써내 유명한 작가가 된다. 좋아하는 책을 실컷 먹으며 행복하게 산다.

책을 많이 읽으면 여우 아저씨처럼 글쓰기가 저절로 된다. 표현이 풍부해지고 문장이 술술 나온다. 물통에 물이 다 차면 흘러넘치는 것처럼 아주 자연스러운 일이다. 책을 많이 읽으면 다양한 어휘, 표현, 문장이 차곡차곡 쌓인다. 표현과 문장이 가득 차면 아이의 연필 끝에서 글로 나오기 시작한다. 책에서 읽은 문장에 자신만의 개성을 담아 창의적인 문체로 글을 쓰게 된다.

🍪 영어식 사고의 글쓰기

영어가 모국어인 아이들에게도 글쓰기는 쉽지 않다. 글쓰기의 목적은 자신의 생각을 체계적이고 명확하게 나타내는 것이다. 그러려면 모호하고 추상적인 머릿속의 생각을 정교한 글로 표현해야 한다. 논리적으로 글의 흐름을 잡고 적절한 단어와 표현을 써야 한다. 아이디어를 잘 정리하고 자신의 언어로 쓰는 것은 어른이라도 쉽지 않은 일이다.

영어를 모국어로 하는 미국에서는 쓰기를 시작하기 전에 먼저 다양한 그림책을 읽도록 권장한다. 영어 그림책을 통해 단어와 표현을 배우고 여러 문장들을 접하면서 문체를 익히게 한다. 이렇게 책을 통해 단어, 표현, 문장을 접한 아이들은 글쓰기의 바탕이 이루어져 마침내 글을 쓰게 된다.

글쓰기의 바탕은 많이 읽는 것이다. 영어가 모국어가 아닌 아이라도 영어책을 많이 읽으면 문장력이 좋아진다. 영어로 글을 쓰려면 일단 영어책을 많이 읽어서 글쓰기를 할 수 있는 그릇을 만들어야 한다.

영어책을 읽으면 언어와 함께 영어식 사고가 자란다. 기존의 세대는 영어로 글을 쓰려면 우리말로 먼저 쓴 뒤 그것을 다시 영어로 옮겨 썼는데 우리말을 완벽하게 영어로 옮기기란 사실 불가능하기 때문에 그렇게 쓴 글은 한국식 사고가 담겨 어색하기 마련이다. 반면에 영어책을 많이 읽은 아이들은 영어식 사고를 하며 영어로 자신의 생각을 자연스럽게 말하고 글로 쓰게 된다.

🍪 창의적인 문체를 낳는 책 읽기

영어권의 아동 문학은 현재 호황을 맞고 있다. 20세기 후반에 접어들어 교육열이 높은 중산층이 확대되면서 공공 도서관이 건립되고, 종이책이 대량으로 출판되었다. 전 세계에서 영어를 배우는 인구가 늘어남에 따라 영어권의 아동 문학 독자층이 폭발적으로 증가했다. 지금도 아동 문학에 대한 사회적 인식이 높아지고 수요가 많아지면서 높은 작품성을 겸비한 수작들이 쏟아져 나오고 있다.

이것이 풍부한 어휘와 아름다운 문체로 수놓아진 보물 같은 영어책들이 많아진 이유다. 아이들은 보석처럼 빛나는 작품을 통해 문제집에서는 접할 수 없었던 뛰어난 문체와 만나게 된다. 훌륭한 작가의 아름다운 작품을 읽는 것은 기름지고 양분이 많은 땅에 씨를 뿌리는 것과 같다. 잡초만 가득한 땅에 씨를 뿌리는 것과는 다른 풍성한 수확을 거둘 수 있다.

상상력이 넘치고 창의적인 표현이 가득한 책을 읽은 아이들은 때가 되면 쓰기 시작한다. 아이들은 모방의 달인이라 문체 역시 작가의 문체를 따라간다. 영어책을 많이 읽은 아이들의 글은 생동적인 묘사와 번뜩

이는 재치로 펄떡인다.

　Roald Dahl의 책 《**Fantastic Mr. Fox**》에는 여우 씨를 잡으려는 세 명의 멍청이가 나온다. 재치 넘치는 Roald Dahl은 세 멍청이를 이렇게 노래한다.

> Boggis and Bunce and Bean. 보기스, 번스, 빈.
>
> One fat, one short, one lean. 뚱뚱보, 땅딸보, 말라깽이.
>
> These horrible crooks 이 지독한 악당들은
>
> So different in looks 생김새는 영 딴판이지만
>
> Were none the less equally mean. 마음씨는 똑같이 치사하고 못됐다네.

가성비 영어
CHAPTER 3

이 책을 읽고 4학년인 우주는 다음과 같이 노랫말을 바꿔 불렀다.

> Boggis and Bunce and Bean. 보기스, 번스, 빈.
>
> One fat, one short, one lean. 뚱뚱보, 땅딸보, 말라깽이.
>
> These filthy crooks 이 추잡한 악당들은
>
> So silly in looks 생김새가 아주 우스꽝스럽고
>
> Were none the less equally dotty. 셋 다 똑같이 미쳤다네.

　우주가 쓴 '성질이 고약한'의 뜻을 가진 'filthy'와 '약간 미친, 모자라는'의 뜻을 가진 'dotty'는 Roald Dahl이 많이 쓰는 단어인데, 우주는 작가의 어휘를 그대로 흉내 내서 재미있게 표현했다.

　《**Junie B. Jones is the Captain Field Day**》는 주인공 Junie B.가

유치원 운동회에서 응원 단장을 맡게 되는데, 다른 팀과의 경기에서 계속 지다가 마지막 턱걸이에서 이겨 반 아이들이 환호한다는 내용이다.

2학년인 우연이는 이 책을 읽고 Junie B.의 입장이 되어 운동회에서 있었던 일을 일기로 썼다. 다음은 우연이가 운동회 날의 기분을 묘사한 문장이다.

"I was upset with Frankie. Because he was tooting his own horn."
나는 프랭키에게 화가 났다. 그 녀석은 자기 자랑을 늘어놓았기 때문이다.

'Toot one's own horn'은 '자화자찬하다, 자기 자랑을 하다'라는 뜻으로 책에서는 Frankie가 하는 행동을 묘사하는 표현으로 나온다. 우연이는 책에서 본 재미있는 표현을 기억했다가 자신의 글에 응용해서 쓴 것이다.

'Fly Guy' 시리즈를 좋아하는 6살 세현이는 스케치북에 그림을 그리고 'Bad Newzzz'라고 썼다. Fly Guy가 파리 소리인 'Miss'를 'Mizzz'로, 'Yes'를 'Yezzz'라고 말하는 것을 따라서 'Newzzz'라고 쓴 것이다. 6살 세현이의 언어 놀이는 작가 Tedd Arnold만큼 재치가 넘친다. 영어의 소리와 문자를 가지고 노는 6살 세현이는 언어의 참맛을 아는 듯하다.

넓은 세상 속으로 달려가는 책 읽기

🍪 책에는 그 나라의 문화가 담겨 있다

언어는 의사소통의 도구지만, 언어에는 언어를 사용하는 민족의 문화, 역사, 사고방식이 녹아 있다. 문화와 역사에 대한 이해가 있는 의사소통에는 상대에 대한 배려와 포용이 스민다. 영어권의 문화와 역사를 배울 수 있는 가장 효과적인 방법 중 하나는 그 나라 사람들이 쓴 책을 읽는 것이다.

영어책을 많이 접한 아이들은 다른 나라의 문화를 자연스럽게 받아들인다. 영어권의 작가들이 쓴 책에는 그 나라의 문화가 담겨 있다. 작가는 자신이 태어나고 자란 모국의 문화를 고스란히 이야기 속에 담아내기 때문이다.

남자아이 Henry와 침 흘리는 큰 개 Mudge의 이야기 'Henry and Mudge' 시리즈에는 어느 화목한 미국 가정의 모습이 자세하게 묘사되어 있다. 《Henry and Mudge and a very Merry Christmas》에서 Henry의 엄마는 크리스마스 때 친척들과 함께 먹을 생강 빵을 굽는다. 크리스마스이브가 되면 Henry의 가족과 친척들은 주위에 사는 이웃들을 방문하여 캐럴을 부른다. 크리스마스에는 친척들이 모두 모여 팬케이크와 머핀 등의 음식을 함께 나누며 만찬을 즐긴다. 책을 읽으면 미국에서는 크리스마스를 어떻게 보내는지, 어떤 음식을 먹는지 알 수 있다.

그밖에도 할로윈, 추수 감사절 등을 소재로 한 책을 읽다 보면 미국의 명절 문화를 간접적으로나마 체험할 수 있다.

꼬마 악동의 엉뚱하고 흥미진진한 일상을 다룬 'Horrid Henry' 시리즈 중 《Horrid Henry tricks the tooth fairy》에서는 이빨 요정에 대한 문화를 엿볼 수 있다. 다른 친구들은 다 이가 빠지는데 자기만 늦어져서 속상한 Henry. 그러던 중 동생 Peter의 이가 먼저 빠진다. 빠진 이를 베개 밑에 두고 자면 자는 동안 이빨 요정이 와서 빠진 이는 가져가고 동전을 두는데, 이를 안 Henry는 동생 Peter의 빠진 이를 몰래 가져다가 자신의 베개 밑에 두고 잔다. 하지만 일어나 보니 이는 없어졌는데 동전은 동생 Peter의 베개 밑에 있었다. 결국 Henry는 이빨에 검은 종이를 붙여 이가 빠진 것처럼 속임수를 써서 가짜 동전을 받는다. 우리나라에 빠진 이를 까치가 물고 가는 전래 동화가 있다면 영어권의 나라에서는 이빨 요정에 관한 동화가 많다.

언어와 문화는 밀접하게 연관되어 있다. 아이들이 영어책을 읽으면 영어권의 문화를 간접 체험하게 되고 언어를 이해하는 데도 큰 도움이 된다.

🎨 넓은 세상을 열어 주는 책 읽기

미국의 위대한 아동 문학가 Ezra Jack Keats의 작품 중에는 흑인 꼬마 Peter가 주인공으로 나오는 그림책이 많다. Ezra Jack Keats는 미국 역사상 최초로 어린이 책에 흑인을 주인공으로 등장시켜 화제가 되기도 했다. 그의 대표작 《The snowy day》, 《Peter's chair》, 《Whistle for Willie》, 《A letter to Amy》 등에는 모두 Peter가 주인공으로 나온다. Ezra Jack Keats의 그림책을 읽어 보면 주인공 Peter에 대한 작가의 따뜻한 시선이 느껴진다. 가난했던 자신의 어린 시절을 떠올리며 서민의 일상을 그대로 표현해 독자와의 공감대를 만들고 싶었다는 작가의 진심이 느껴진다.

Ezra Jack Keats의 그림책을 읽은 아이들은 인종의 다름을 편견이나 고정관념 없이 받아들이게 된다. 《The snowy day》를 읽으면 '세상의 모든 아이들은 피부색에 상관없이 모두 눈을 좋아하는 구나'하는 생각을 하게 된다. 세상은 피부색이 다른 사람으로 나뉜 것이 아닌 저마다의 다른 감정을 가진 이들이 살아가는 공동체라는 메시지가 아이들에게 전달된다.

《Handa's Surprise》의 배경은 아프리카 케냐이다. 주인공 Handa는 친구 Akeyo에게 가져다 줄 과일을 바구니에 잔뜩 담고 아프리카의 초원을 지난다. 이때 동물들이 나타나 바구니에 있는 과일을 하나씩 가져간다. 그렇게 동물들이 과일을 몽땅 다 가져가는 바람에 텅 빈 바구니를 들고 있는데, 염소가 귤나무를 들이박는 바람에 나무에서 귤이 떨어지고 그 바람에 바구니는 귤로 가득 차게 된다. 자신이 가장 좋아하는 과일인 귤을 본 Akeyo는 너무도 좋아하지만 Handa는 깜짝 놀란다는 이야기이다.

이 책은 주인공의 모습도 펼쳐진 풍경도 생소하다. 책에는 아프리카 초원과 그곳에 사는 주민들의 생활 모습이 생생하게 묘사되어 있다. Handa가 친구 Akeyo에게 주려고 했던 것은 낯선 이름의 열대 과일이다. 책을 읽으면서 아이들은 재미있는 이야기도 즐기지만, 아프리카에 사는 주인공 Handa를 통해 풍경도, 살아가는 모습도 다른 세상이 존재함을 깨닫게 된다.

이처럼 영어책에는 세계의 다양한 문화를 배경으로 하는 이야기가 많다. 아이들은 책을 통해 영어를 습득할 뿐만 아니라 넓은 세상을 품에 안는다. 세상을 품에 안은 아이는 언어라는 도구를 가지고 세상을 더 넓게 포용하며 열린 마음으로 살아가게 된다.

영어책이 이렇게 재미있는지 몰랐어요!

🍪 세상의 모든 아이들은 이야기에 열광한다

"선생님, 우리 아이가 영어책을 4시간 동안 꼼짝도 하지 않고 봐요. 너무 신기해요."

리딩리더 도서관을 이용하는 한 학부모님께서 하신 말씀이다. 세상의 모든 아이들은 책을 좋아한다. 다만, 아직 책 맛을 제대로 느끼지 못했을 뿐이다. 이는 아이들과 함께 영어책을 읽고 지도하며 얻은 결론이다.

처음 영어책을 대하는 태도는 아이들마다 다르다. 곧바로 영어책을 좋아하게 되어 신나게 읽는 아이도 있지만, 영어 공부라고 생각해 거부감을 보이는 아이도 있다. 하지만 시간이 얼마나 걸리느냐의 문제이지 일단 책 맛을 제대로 보면 모두 책 읽기에 빠진다.

초등 1학년 아이들에게 프랑스 작가 Herve Tullet의 《Press here》

을 읽어 주었다. 당시 아이들은 영어 그림책을 거의 접해 보지 않아 '얘들아, 영어 그림책 한 권 읽어 줄까?' 하면 '아니요, 싫어요!'라는 대답이 곧장 들려왔다. 그래도 한 권만 읽어 보자고 설득해서 아이들을 앉혀 놓고 책장을 넘겼다.

《Press here》의 첫 장에는 동그란 점이 있다. 'PRESS HERE AND TURN THE PAGE여기를 누르고 다음 장으로 넘기세요'라고 적혀 있다. 동그란 점을 누르면 그 다음 장에 있는 한 개의 점이 두 개가 된다. 'RUB THE DOT GENTLY점을 살살 문질러 주세요'를 따라 점을 문지르면 색깔이 변한다. 책을 흔들면 점들은 흩어진다. 아이들이 하는 대로 변하는 마법 같은 책이다. 책을 읽어 주는 동안 아이들은 책에 있는 점을 누르고 문질렀다. 흔들며 입으로 바람을 불었다. 그렇게 이야기에 몰입하기 시작하더니 모두 웃고 박수를 쳤다. 처음에는 책을 읽기 싫어 하던 아이들도 또 읽어 달라고 보챘다.

Emily Gravett의 그림책 《Again!》에서 엄마 용은 아기 용에게 책을 읽어 준다. 책 속의 이야기가 너무 재미있는 아기 용은 엄마 용에게 계속해서 책을 읽어 달라고 한다. 너무 피곤하고 졸렸던 엄마 용은 책을 읽어 주다가 결국 잠이 든다. '또 읽어 줘! 또 읽어 줘! Again!'을 외치다 화가 난 아기 용은 불을 뿜게 되는데 그만 책이 불타서 구멍이 나고 만다. 그래서인지 책 뒤표지에도 불에 탄 흔적이 그려져 있다.

아이들은 이 책에 나오는 아기 용 같다. 세상의 모든 아이들은 이야기에 열광한다. 영어 그림책을 읽어 줄 때 아이들의 눈을 보면 초롱초롱 빛나고 있다. 이야기의 흐름 속에 빨려 들어 웃고, 놀라고, 숨을 멈춘다. 아이들 주위로 행복의 공기가 떠다니는 것 같다.

"영어책이 이렇게 재미있는지 몰랐어요!"

"선생님, 한 권만 더 읽어 주세요! 제발요!"

책 맛에 중독된 아이들은 이처럼 행복한 비명을 지른다.

🐞 최고의 이야기꾼을 만나는 책 읽기

아이들 책을 쓰는 작가들은 최고의 이야기꾼이다. 여기서 어른들이 할 일은 아이들이 최고의 이야기꾼을 만날 수 있도록 다리를 놓아 주는 것이다. 아이들은 이야기꾼과 만나는 시간을 손꼽아 기다린다. 필자도 마찬가지이다. 아이들과 함께 책을 읽는 시간이 무척이나 기다려진다. 예전에는 영어 때문에 힘들어하는 아이들을 어르고 달래며 가르치는 일이 많았는데 책 읽기를 통해 영어를 배우게 하는 요즘은 아이들도 필자도 너무나 행복하다.

"영어 도서관에서는 시간이 너무 빨리 지나가요."

"다음 내용이 궁금해서 책 읽는 시간이 기다려져요."

이야기꾼들의 책을 함께 읽으며 아이들은 기대하고, 추측하며 누가 먼저랄 것도 없이 웃음을 터뜨린다. 영어 도서관에서 아이들과 함께 책을 읽고 있으면 재미있는 이야기를 들으며 영어로 신나게 수다 떠는 시간처럼 느껴진다.

《Wayside school gets a little stranger》에는 아이들을 사과로 만들어 버리는 선생님 Mrs. Gorf가 나온다. 아이들은 모두 힘을 합해서 Mrs. Gorf를 사라지게 만드는데, 몇 년 후 새로운 선생님으로 Mr.

Gorf가 온다. 콧구멍이 세 개인 Mr. Gorf는 가운데 콧구멍을 벌렁거려서 아이들의 목소리를 삼켜 버리는데, 알고 보니 Mrs. Gorf의 아들이었다. 아이들 때문에 사라지게 된 어머니의 복수를 하러 온 것이다. 이를 알아챈 Mush 선생님이 Mr. Gorf의 얼굴에 후추 케이크를 던졌는데 콧구멍이 세 개인 Mr. Gorf가 너무 크게 재채기를 하는 바람에 코가 날아가고 만다.

Mr. Gorf의 이야기를 읽는 내내 아이들은 감탄사를 연발했다. Mush 선생님이 어떻게 알아차릴 수 있었는지에 대해 신나게 토론했다. 마지막에 Mr. Gorf의 코가 날아가 버렸을 때는 모두들 웃느라 정신이 없었다.

예전에 아이들과 문제집을 가지고 수업을 할 때는 어떻게 하면 아이들과 즐겁게 수업할 수 있을지가 주된 고민이었다. 영어 때문에 힘들어하는 아이들을 데리고 억지로 수업을 한 적도 많았다. 하지만 지금은 180도로 달라졌다.

세상 최고의 이야기꾼들이 아이들을 위해 대기하고 있다. 아이들을 재미있게 하기 위해 노력할 필요가 없다. 책을 펼쳐 들기만 하면 작가들이 아이들을 즐겁게 해준다. 각자의 취향에 맞는 다양한 책들이 아이들을 기다리고 있다. 세상에 이렇게 든든하고 고마울 수가 없다!

책과 사랑에 빠지면 저절로 영어가 된다

🍪 영어 공부가 이렇게 재미있어도 되는 걸까요?

"무언가를 안다는 것은 그것을 좋아하는 것만 못하고, 좋아하는 것은 즐기는 것만 못하다."

《논어》에 나오는 공자님 말씀이다. 한 학부모님께 이런 말을 들은 적이 있다.

"선생님, 우리 아이가 영어책을 낄낄거리면서 보는데 영어 공부가 이렇게 재미있어도 되는 걸까요?"

기존 세대가 영어를 공부했던 방법이라고 하면 단어와 문법을 암기하고 문제집을 풀면서 머리를 싸매는 모습이 떠오른다. 아직도 '영어 공부는 참고 인내하며 힘들게 하는 것이다'라는 고정관념이 남아 있다. 문제는 그렇게 열심히 공부하고도 자신의 의견을 자유롭게 말하고 쓰지 못한다는 것이다. 10년 넘게 괴롭고 힘들게 한 영어 공부가 효과가 없다는 것은 부모님들이 제일 잘 아신다.

반대로 책 읽기는 즐겁다. 힘들여 억지로 할 필요가 없다. 자발적이고 주도적이다. 책 읽기에 빠진 아이들은 때와 장소를 가리지 않는다. 심지어 화장실에서도 영어책을 붙들고 있다. 어떻게 그렇게 할 수 있는가 하면 진짜로 재미있기 때문이다.

아이들은 도서관에 오면 바로 책장 앞에 가서 읽을 책을 고른다. 의자에 앉아서도 읽고 바닥에 앉아서도 읽는다. 혼자서 낄낄거리기도 하고 옆에 있는 친구에게 재미있는 내용을 이야기해 주기도 한다. 앉은 자리에서 책 탑을 쌓아 놓고 열 권, 스무 권은 그냥 읽어 치운다.

이는 스스로 즐기는 책 읽기이기에 가능한 일이다. 영어 공부를 하라고 했으면 절대로 볼 수 없는 풍경이다. 즐긴다는 것은 우리 아이들에게 가장 큰 동기 부여가 된다.

🍪 저절로 듣고, 읽고, 말하고, 쓴다

"내가 내린 결론은 간단하다. 아이들이 즐기면서 책을 읽을 때, 아이들이 '책에 사로잡힐 때', 아이들은 부지불식간에 노력을 하지 않고도 언어를 습득하게 된다."

《크라센의 읽기 혁명》 스티븐 크라센 교수의 말이다.

파닉스(철자와 소리의 관계를 깨닫는 것)를 배우지 않아도 스스로 책을 읽는 아이들이 있다. 그 배경을 보면 어릴 때부터 책을 읽어 준 부모님이 반드시 존재한다. 부모님이 책을 읽어 줄 때 아이는 귀로 듣고 눈으로는 글자를 따라간다. 이런 과정이 반복되면 아이는 스스로 소리와 철자의 관계를 터득한다. 즉, 부모님이 영어책을 많이 읽어 준 아이는 저절로 읽을 수 있게 된다.

6살 세현이는《Go Away, Big Green Monster》를 혼자서 소리 내어 읽는다. 처음에는 세현이의 어머니가 여러 번 읽어 준 책이라 외워서 말하는 것이라고 생각했다. 하지만 다른 책들도 혼자서 소리 내어 읽는 모습을 보고, 세현이가 어느새 파닉스를 깨우쳤음을 알게 되었다. 이제 세현이는 AR 지수 1점대(미국 유치원생이나 초등학교 1학년 아이들이 읽는 책)의 'Fly Guy' 시리즈를 소리 내서 읽는다.

세현이의 어머니는 5살 때부터 영어 그림책을 읽어 주셨는데, 그 결과 세현이는 책에 나오는 표현과 문장을 스펀지처럼 흡수하게 되었다. 어머니가 읽어 주는 음성 언어와 책에 있는 철자와의 관계를 스스로 터득했다. 지금 세현이는 Mo Willems와 Dr. Seuss 작가의 책에 빠져지낸다.

사실 세현이는 영어 유치원을 다닌 적이 없다. 그저 어머니가 읽어 준 영어 그림책만으로 영어권 아이들처럼 책을 읽게 된 것이다.

2학년 주형이는 영어책을 읽을 때 큰 소리로 읽는데, 어느 날 보니영어책에 나오는 문장들을 줄줄 외우고 있었다. 소리 내어 반복해서 읽은 결과 자연스럽게 책 내용이 외워진 것이다. 나중에는 책에 나오는주인공의 대사를 응용하여 일상에서 말하게 되었다.

서준이는 어느 날 새로 산 초록색 신발을 신으며 'I love my green shoes!'라고 외쳤다.《Pete the cat, I love my white shoes》를 좋아해 계속 읽어 달라고 하더니 문장을 기억했다가 자기 신발을 보고 그렇게 말한 것이다.

영어책에 나오는 등장인물들의 대화는 영어권에서 흔히 사용하는 표현과 문장이다. 아이들은 책을 통해 생생한 영어식 표현과 실생활에 밀접한 영어를 배운다. 특히 주인공의 대화를 보며 영어권의 아이들이 실제로 쓰는 표현을 그대로 흡수해서 활용한다.

영어책을 많이 읽은 아이들에게서 볼 수 있는 가장 뚜렷한 특징은 자연스러운 글쓰기이다. 글쓰기에서 사용하는 단어와 표현만 봐도 책을 얼마나 많이 읽었는지 알 수 있을 정도이다.

영어책을 많이 읽은 아이의 글에는 생생한 영어식 표현이 가득하다. 책에서 본 단어와 표현이 스며들고 융합되어 자기만의 문장으로 나온다. 연필 끝이 춤이라도 추듯 반짝이는 글들이 쏟아져 나온다. 심지어 영어책을 많이 읽은 한국 아이들은 책을 읽지 않는 영어권의 아이들보다 글쓰기에서 더 뛰어날 수도 있다.

영어책과 사랑에
빠지게 하는 마법의 주문

부모와 교사는 책의 세계로 안내하는 가이드

🍪 누군가는 아이들을 이야기의 세계로 끌어들여야 한다

전 세계에 책 읽어 주기 열풍을 탄생시킨 《하루 15분 책읽어주기의 힘》의 저자 짐 트렐리즈. 그는 자신의 두 아이에게 책을 읽어 주다가 부모들이 책을 읽어 주는데 도움이 되는 안내서가 없자 안타까움에 자비로 이 책을 출판했다. 그는 이 책을 쓰게 된 이유를 두고 부모와 교사 중 누군가는 아이들을 매혹적인 이야기의 세계로 끌어들여 길을 가르쳐 주어야 하기 때문이라고 밝힌다.

《A Father Reads to His Children》의 저자 오빌 프레스콧Orville Prescott은 저절로 책을 좋아하게 되는 아이는 거의 없다고 말한다. 그렇기에 누군가는 아이들을 안내해 주는 가이드가 되어야 한다고 주장한다.

우리가 낯선 곳으로 여행을 갔을 때 가이드의 역할을 떠올려 보자. 가이드는 여행을 보다 쉽고 편하게 즐길 수 있도록 우리에게 다양한 정보를 제공해 준다. 여행지의 역사와 문화, 지리를 알고, 재미있는 이야기를 듣고 나면 더는 여행지가 낯설게 느껴지지 않는다. 친근하게 느껴진다. 직접 이곳저곳을 돌아다니며 보고 느끼고 싶어진다.

어쩌면 우리 아이들도 그렇지 않을까. 처음에는 영어책을 읽는 것이 낯설게 느껴질지도 모른다. 공부라는 생각 때문에 심한 거부감이 들지도 모른다.

하지만 친절한 가이드를 만나 이야기를 듣다 보면 마음이 열리고 책의 세계를 탐험해 보고 싶은 생각이 들 것이다. 이때 부모와 교사의 역할이 중요하다. 부모와 교사는 아이들의 손을 잡고 책의 세계로 이끌 수 있는 친절한 가이드가 되어야 한다.

🍪 영어책의 세계로 이끄는 효과적인 방법

요즘에는 다양한 영어책이 구비된 가정들이 많은데, 리딩리더 영어 도서관을 찾아오시는 부모님들의 이야기를 들어 보면 집에 책이 많아도 아이들이 읽지 않는다고 한다. 상황이 이러니 선생님과 같이 읽으면 책에 재미를 붙이지 않을까 싶어서 보낸다고 하신다.

사실 도서관에 처음 오는 아이들의 반응은 아주 다양하다. 원래 책을 좋아하는 아이들은 즉시 탐독을 시작하지만, 보고 시큰둥한 반응을 보이는 아이들도 많다. 특히 후자의 경우에는 특별한 작전이 필요하다.

🍪 작전❶ 영어 공부가 아닌 책 읽기임을 강조할 것

아이가 영어책을 보고 강한 거부감을 보인다면 일찌감치 영어 공부
에 대한 스트레스를 경험했을 확률이 높다. 그런 아이들은 의심의 눈초
리로 들어서서 또 무슨 공부를 시키지는 않을까 하고 적개심을 드러낸
다. 이런 아이를 보면 참으로 안타깝다.

그럴 때는 영어책 읽기가 공부가 아닌 독서임을 강조해야 한다. 인
식의 전환이 필요하다. 그러기 위해서는 먼저 아이들의 마음을 편하게
해 주어야 한다. '그냥 읽고 싶은 책을 읽으면 되고 어떤 책이든 원하는
것을 골라서 보면 된다'라고 이야기해 주어야 한다.

읽은 것에 대한 확인도 일절 금물이다. 우선은 경계심을 풀어야 한
다. 그렇게 하다 보면 아이들의 긴장도 조금씩 풀어질 것이다.

가성비 영어

CHAPTER 4

🍪 작전❷ 책을 소개하는 세일즈맨이 될 것

아이들의 마음이 조금씩 열리기 시작하면 그 틈을 놓치지 않고 슬금
슬금 다가가 한마디씩 던져 보자. '이 책은 다른 친구들도 엄청 좋아하
는 책이래', '이 책에 나오는 주인공은 한 번 보면 모든 것을 다 기억할
수 있어서 어려운 사건들도 척척 해결해 나가' 등의 귀가 번쩍 뜨이는
이야기들을 흘려 두자.

여기서 중요한 것은 확신이다. 세일즈맨이 물건을 홍보하고 판매할
때 확신과 진심을 담아내야 성공하는 것처럼 즐거움과 열정을 확신한

상태로 아이들에게 전달해야 한다. 사실 그렇게 되려면 부모와 교사들이 먼저 책을 많이 읽어 봐야 한다.

●● 작전❸ 아이와 함께 북 카페 즐기기

카페에 가면 노트북을 가지고 와서 작업하는 사람, 책을 보며 공부하는 사람들을 많이 볼 수 있다. 가끔은 카페가 아니라 도서관 같다는 생각도 든다. 왜 그럴까? 왜 편안한 집을 두고 굳이 카페에 가서 책을 읽고 일을 하는 것일까? 저마다의 이유가 있겠지만 아마도 그곳의 분위기 때문이 아닐까. 카페라는 공간이 편안하면서도 일을 하기에 집중도 더 잘되니까.

아이들도 마찬가지다. 도서관에 오는 아이들 중에는 마칠 시간이 되면 집에 가기 싫다고 하는 아이들이 더러 있다. 다 못 본 책을 남아서 더 읽고 싶다고 한다. 집에 가면 어린 동생이 있어서 책을 읽을 수 없다고, 다른 숙제를 바로 해야 해서 책을 볼 수 없다고 한다.

아이들에게도 책 읽기에만 몰입할 수 있는 시간과 장소가 필요하다. 그러니 일주일에 한 번은 도서관에 데려가거나 집중해서 책을 읽을 수 있는 공간을 마련해 주자.

작전❹ 독서 친구로 책에 물들게 하기

'근주자적근묵자흑近朱者赤近墨者黑' 붉은색을 가까이하면 붉게 되고 먹을 가까이하면 검게 물든다는 고사성어이다. 책을 좋아하는 친구를 가까이하면 책을 좋아하게 된다. 아이들은 친한 친구가 하는 것은 같이 하고 싶어 한다. 부모님이나 선생님이 권하는 것에는 관심이 없다가도 친구가 재미있다고 하면 해 보고 싶어진다. 다음은 영어 도서관에서 흔히 벌어지는 풍경이다.

"영어책과 사랑에 빠진 아이들이 있다. 책을 읽다가 재미있는 부분이 나오면 낄낄대고 웃는다. 그러면 옆에 있던 아이가 '뭐가 그렇게 재미있지?'라는 눈빛으로 쳐다본다. 나중에 보면 친구가 재미있게 읽은 책을 자신도 똑같이 가져와서는 읽고 있다. 읽은 책에 대해 같이 이야기도 하고 재미있게 읽은 책을 서로 추천해 주기도 한다. 때로는 경쟁하듯이 서로가 읽은 책들을 함께 읽어 나간다."

혼자서는 책을 잘 읽지 않는 아이도 여럿이서 함께 읽다 보면 자기도 모르는 사이에 즐거움에 빠진다. 아이들은 주위 친구들에게 쉽게 동화되며 주변의 영향을 많이 받는다. 아이가 책에 물들도록 독서 친구들을 만들어 주자.

가성비 영어

CHAPTER 4

무조건 쉬운 책을 고르자

🍪 모르는 단어가 많으면 책 읽기가 고통스럽다

우리나라에서 보편적으로 이루어지는 영어 교육에서 영어 단어 공부는 무척 중요하게 여겨진다. 특히 학년이 올라갈수록 영어 단어 시험이 빠지지 않고 등장한다.

문제는 아이들이 배우는 영어 교재의 어휘 수준이 너무 높다는 것이다. 지난 12년간 영어 사교육 현장에서 일하며 느낀 것이 있다면 대한민국의 부모님들은 아이가 배우는 어휘의 수준에 지나치게 집착한다는 것이다. 교재에 나오는 단어가 쉬우면 어딘지 모르게 불안해한다. 모르는 단어가 많고 새로운 것을 익혀야만 뭔가를 배운다고 여긴다.

보편적인 요구가 이렇다 보니 교재는 아이들의 수준을 훌쩍 뛰어넘을 수밖에 없다. 실제로 아이들에게 읽기를 시켜 보면 모르는 단어가 반 이상이다. 모르는 단어가 반 이상인데 이해를 한다는 것은 사실상

불가능하다. 이해가 되지 않으면 어렵고, 들어도 모르고, 읽어도 모른다. 상황이 이런데 어떻게 재미있게 공부할 수 있을까.

영어 도서관에 오는 아이들 중에는 단어 시험에 지친 아이들이 많다. 이야기를 들어 보면 단어를 한꺼번에 외우고 시험을 보는 것이 가장 큰 스트레스였다고 한다. 그러다 나중에는 거부감까지 생겨 영어 공부를 중단했다고 했다.

영어책 읽기는 아이의 독서 지수보다 쉬운 책 읽기로 시작해야 한다. 아는 단어가 대부분인 책은 쉽게 읽힌다. 쉽게 읽히면 내용을 보다 잘 이해할 수 있다. 그렇게 이야기의 내용에 빠져서 읽다 보면 재미가 들린다. 어려운 단어 때문에 영어를 싫어하게 된 아이들도 쉬운 영어책 읽기를 시작하면 다시 영어를 좋아하게 된다.

아무리 어른이라고 해도 어려운 것은 재미없지 않은가. 아이들도 마찬가지다. 재미가 없으면 아무리 좋은 수업이라도 오래가지 못한다. 모르는 단어가 많은 책을 붙들고 읽게 하면 아이는 책의 내용에 빠져들기는커녕 거부감만 든다. 자꾸만 모르는 단어들이 나와 발목을 잡히고 속도도 나지 않으며 무슨 말인지 이해하지 못한다. 그러다 결국 책을 덮어 버리고 만다. 영어책이 재미없고 싫어진다.

영어책과 사랑에 빠지게 하려면 먼저 이야기에 빠져들게 해야 한다. 읽기 쉬워야 책의 내용에 충분히 몰입할 수 있다. 다음 이야기가 궁금해서 책장을 빨리 넘길 수 있어야 한다. 그러기 위해서는 무조건 쉬운 책이어야 한다.

🍪 내 아이의 수준에 맞는 영어책 고르기

①다섯 손가락 접기 방법Five Finger Test

책을 무작위로 펼쳐 아이에게 한두 페이지를 읽게 한다. 읽으면서 뜻을 모르는 단어가 나오면 손가락을 하나씩 접는다. 한 페이지에서 모르는 단어가 3개 이상이면 그것은 어려운 책이다. 한 페이지에서 모르는 단어가 5개 이상이면 그만 읽고 그보다 더 쉬운 책을 고른다.

②독서 지수 테스트로 수준에 맞는 책 고르기

영어 독서 지수를 측정하는 방법 중 대표적인 것이 AR 지수와 렉사일Lexile 지수이다. 영어를 모국어로 하는 영어권 아이들의 독서 능력을 측정하기 위해서 만들어 졌는데, 우리나라 아이들에게도 이를 적용할 수 있다.

AR 지수

AR 지수는 영어권에서 초등, 중학생들을 대상으로 읽기 실력을 평가하기 위해 만들어진 프로그램이다. 실제 책의 난이도를 분석하고 학생들의 독서 능력을 비교해서 레벨을 나누었다. 평가 기준에는 문장의 길이, 단어의 철자 수, 난이도, 책에 포함된 어휘 수 등이 고려된다.

AR Book 레벨을 제공하는 Renaissance Learning의 조사에 따르면 미국 학생들의 기준으로 한 학년별 평균 AR 지수는 다음과 같다.

학년별 평균 AR 지수	
Grade 1(초등 1학년)	1.4
Grade 2(초등 2학년)	2.3
Grade 3(초등 3학년)	3.6
Grade 4(초등 4학년)	4.6
Grade 5(초등 5학년)	5.1

영어책의 AR 지수가 궁금하다면 www.arbookfind.com에서 책
제목을 검색하여 볼 수 있다. (검색 결과에서 'BL'의 숫자가 AR 지수다)

다음은 《**The Giving Tree**》를 검색한 결과로 'BL:2.6'이 AR 지수다.
검색한 결과를 클릭하면 더 자세한 정보를 볼 수 있다.

The Giving Tree
Silverstein, Shel
AR Quiz No. 5469 EN

An apple tree shares all it has with a boy from the time he is very young until he is very old.

AR Quiz Availability:
Reading Practice, Recorded Voice, Vocabulary Practice

ATOS Book Level:	2.6	AR 지수
Interest Level:	Lower Grades (LG K-3)	이 책에 흥미를 보일 미국 학년
AR Points:	0.5	이 책을 읽고 퀴즈를 풀면 얻을 수 있는 점수
Rating:	★★★⯨	독자들의 평점
Word Count:	621	책에 나오는 총 단어수
Fiction/Nonfiction	Fiction	
Topic - Subtopic:	Behavior-Kindness; Community Life-Helping Others; English in a Flash Recommended List, Library 2-Chapter 12, 95%; Interpersonal Relationships-Friendship; Plants-Trees; Recommended Reading-Rutgers EconKids; What Kids Are Reading, 2015-25 Most Read Fiction, ATOS Book Levels 0.1-3.3; What Kids Are Reading, 2015-Grade 2: 25 Most Read Books Overall; What Kids Are Reading, 2016-Grade 3: 25 Most Read Books Overall; What Kids Are Reading, 2016-25 Most Read Fiction, ATOS Book Levels 0.1-3.3; What Kids Are Reading, 2016-Grade 2: 25 Most Read Books Overall;	

렉사일 지수

렉사일 지수는 미국의 독서 능력 평가 지수로 주로 어휘의 난이도와 지문의 길이로 레벨을 나눈다. 렉사일 지수는 미국의 학력 평가나 교과 과정에서 가장 공신력 있는 지수로 받아들여지고 있다. 교과서 연계 책들도 이를 기준으로 한다. 미국 초등학생들을 기준으로 초등 저학년은 평균적으로 렉사일 지수 200~500, 고학년은 300~800 정도이다.

AR 지수와 렉사일 지수 연계 표

Lexile	AR	Lexile	AR
25	1.1	675	3.9
50	1.1	700	4.1
75	1.2	725	4.3
100	1.2	750	4.5
125	1.3	775	4.7
150	1.3	800	5.0
175	1.4	825	5.2
200	1.5	850	5.5
225	1.6	875	5.8
250	1.6	900	6.0
275	1.7	925	6.4
300	1.8	950	6.7
325	1.9	975	7.0
350	2.0	1000	7.4
375	2.1	1025	7.8
400	2.2	1050	8.2
425	2.3	1075	8.6
450	2.5	1100	9.0

가성비 영어

CHAPTER 4

475	2.6	1125	9.5
500	2.7	1150	10.0
525	2.9	1175	10.5
550	3.0	1200	11.0
575	3.2	1225	11.6
600	3.3	1250	12.2
625	3.5	1275	12.8
650	3.7	1300	13.5

출처 http://www.lexile.com

레벨 테스트를 받을 수 있는 온라인 사이트

✡ 쑥쑥몰 전자도서관 **www.suksuk.co.kr**

: 전자도서관을 선택하면 미국 교과서 기준의 레벨 테스트를 받을
수 있다.

✡ http://testyourvocab.com

: 자신의 단어 수준을 대략적으로 알아볼 수 있는 사이트이다. 여기
서 나온 테스트 결과의 숫자를 10으로 나누면 렉사일 지수이다.

(AR 지수와 렉사일 지수는 절대적인 기준이 아니기 때문에 참고만 하는 것이 좋

다. 무엇보다 중요한 것은 아이가 쉽게, 꾸준히 읽어 갈 수 있도록 책을 고르는 것

이다)

무조건 재미있어야 한다

가성비 영어

CHAPTER 4

🍪 큐피드의 화살 같은 책을 만나게 해 주자

"내가 1학년 때 가필드 책을 처음 읽었다. 그때 나는 텔레비전보다
더 흥미로운 것을 찾았다고 생각했다."

짐 트렐리즈의 말이다. 그는 단 한 번의 아주 긍정적인 읽기 경험이
열성적인 독자를 만들 수 있다고 주장한다. 책 읽기에 흥미를 갖게 된
특별한 책을 두고 '홈런 북Home Run Book'이라고 일컬었다.

부모와 교사는 아이들이 영어책과 사랑에 빠질 수 있도록 큐피드의
화살을 준비해야 한다. 첫인상, 첫 만남은 그 이후의 만남을 계속 이어
갈지 말지를 결정한다. 그래서 필자는 도서관에서 아이들과 읽을 첫 책
을 결정할 때 무척 심혈을 기울인다.

기범이는 축구를 매우 좋아해 첫 책으로 주인공인 개구리가 축구 하
는 내용인 《Froggy plays soccer》를 골랐다. 기범이는 Froggy 이

야기에 푹 빠져 한 달 동안 **'Froggy'** 시리즈만 읽었다.

　우주는 영어를 잘하고 좋아했지만, 영어책을 읽어 본 경험이 거의 없었다. 첫 책으로 무엇을 함께 읽어 볼지 고민하다가 우주의 영어 이름이 제목으로 들어간 《**Sarah, plain and tall**》을 골랐다. 우주는 자신의 영어 이름과 똑같은 Sarah가 아주 아름답고 매력적인 여인으로 나오는 이야기에 금세 빠져들었다.

🍪 내 아이의 취향을 저격하라

　아이들마다 좋아하는 책이 다 다르다. 이것은 필자가 아이들에게 영어책 읽기를 가르치면서 깨달은 아주 중요한 사실이다. 아이들이 대체적으로 좋아하는 책이 있기는 하지만, 주로 읽는 책의 종류와 주제는 천차만별이다. 그렇기 때문에 영어책 읽기 코칭을 할 때는 각각의 다름을 인정하고 흥미에 맞게 지도해야 한다.

　영어책과 사랑에 빠지게 하기 위해서는 취향을 제대로 저격해야 한다. 필자는 3살짜리 아들에게 책을 읽어 줄 때도 아이가 흥미를 느끼는 책을 찾기 위해 무척 애쓴다. 태어나 3개월부터 한글책과 영어책을 가리지 않고 매일 읽어 주었더니 지금도 자주 읽어 달라고 한다.

　처음 읽어 줄 때는 다양한 종류의 책을 두루 읽어 주었는데, 시간이 지나니 아이가 책장에서 빼 와 반복해서 읽어 달라고 하는 책이 생겼다. 바로 상어, 고래, 물고기 등의 바다 생물에 관한 책이었다. 아이는 바다 생물에 관한 책이라면 특히 더 집중하고 재미있게 보았다. 그러다 보니 관련 한글책과 영어책을 더 많이 구해서 읽어 주게 되었고 흥미와 취향을 맞춰 주자 아이는 점점 더 책의 세계에 빠져들었다. 지금은 꼬마 해양 학자처럼 바다 생물의 영어 이름을 다 외울 정도가 되었다.

👀 관심과 배려가 '대박 책'을 만든다

영어책에 빠져서 읽고 또 읽는 대박 책을 만나기 위해서는 아이에 대한 관심과 배려가 필수다. 주위에서 영어책을 추천해 달라고 하면, 그냥 추천해 줄 수 없는 것도 바로 이런 이유 때문이다. 책을 추천해 주려면 아이에 대한 많은 정보가 필요하다. 독서 지수를 제외하고도 여자인지 남자인지, 저학년인지 고학년인지, 평소 책을 좋아하는지, 좋아하는 분야는 무엇인지, 장래 희망은 무엇인지 등 아이에 대해 아는 것이 많아야 추천도 해 줄 수 있다.

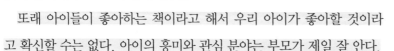
또래 아이들이 좋아하는 책이라고 해서 우리 아이가 좋아할 것이라고 확신할 수는 없다. 아이의 흥미와 관심 분야는 부모가 제일 잘 안다.

한번은 이런 일도 있었다. 4살, 7살, 9살의 딸 셋을 둔 친구가 아이들과 함께 읽을 영어책을 추천해 달라고 했다. 아이들 모두 동물을 좋아하니 사랑스러운 동물과 여자아이가 주인공으로 나오는 쉬운 책이면 좋겠다고 생각했다.

어린아이들은 주인공을 자신과 동일시하는 경향이 있어서 남자아이면 남자 주인공, 여자아이면 여자 주인공이 나오는 책을 좋아한다. 그래서 귀여운 강아지와 여자아이가 함께 노는 이야기인 'Biscuit' 시리즈를 추천해 주었다.

친구 말에 의하면 딸 셋이 Biscuit 이야기에 빠져 매일 함께 책을 읽었다고 했다. 그 뒤로도 좋아할 만한 영어책을 골라 주었더니 지금은 아이들 스스로 소리 내서 읽기도 하고 함께 역할극도 한다고 했다. 처음에 친구는 아이들이 이렇게 영어책을 좋아할 줄 몰랐다며 신기해했는데, 지금은 일상의 자연스러운 모습이 되어 무척 대견해한다.

🎮 아이들의 흥미 유발에 도움이 되는 영어책

아이들마다 좋아하는 책의 장르와 분야가 다르기는 하지만, 보편적으로 인기가 많은 영어책이 있다. 사실 영어책을 제대로 읽어 본 경험이 없는 아이들은 처음부터 스스로 책을 고르기가 어렵다. 부모님도 마찬가지다. 방대한 영어책의 종류를 보고 도대체 어떤 책부터 읽혀야 할지 고민하게 된다.

다음은 리딩리더 도서관에서 아이들에게 인기가 높은 도서의 목록이다.

초등 저학년 아이들이 좋아하는 영어책

도서명	지은이	내용
'Elephant and Piggie' 시리즈	Mo Willems	Gerald라는 코끼리와 Piggy라는 돼지가 주인공이다. 영어책을 처음 접하는 5살 이후 아이들에게 매력적인 책이다.
'Fly Guy' 시리즈	Tedd Arnold	똑똑한 파리가 Buzz라는 남자아이의 애완동물로 살아가는 이야기이다. Super Smart Fly Guy를 보면 웃지 않을 수 없다. 아이들에게 엄청난 인기가 있어 꾸준히 시리즈로 나오는 책이다.
'Froggy' 시리즈	Jonathan London	개구리가 주인공으로 재미있는 캐릭터와 그림으로 아이들의 흥미를 끄는 책이다. 엉뚱 발랄한 Froggy의 행동이 코믹하게 그려져 있다.

'Henry and Mudge' 시리즈

Cynthia Rylant

주인공 남자아이인 Henry와 커다란 개 Mudge의 일상 이야기이다. 가족의 사랑을 주제로 하고 있어 잔잔한 감동을 준다. 특히 여자아이들에게 많은 사랑을 받는 책이다.

'Arthur's Adventure' 시리즈

Mark Brown

아이들에게 인기 있는 텔레비전 프로그램으로 잘 알려져 있어 더 친근하게 받아들이는 책이다. 주인공 Arthur의 신나는 학교생활과 친구들과의 우정 어린 일화가 훈훈하면서도 재미있다.

'Amelia Bedelia' 시리즈

Peggy
Parish
&
Herman
Parish

쾌활한 가정부 Amelia의 에피소드를 다룬 책이다. 황당하지만 귀여운 Amelia의 실수에 웃음이 나온다. 단어의 뜻을 잘못 해석해서 엉뚱한 행동을 하는 Amelia를 통해 단어의 여러 가지 의미도 배울 수 있다.

초등 중학년 아이들이 좋아하는 영어책

도서명	지은이	내용
'Ricky Ricotta's Mighty Robot' 시리즈	Dav Pilkey	작고 연약해 괴롭힘을 당하던 Ricky Ricotta와 도시를 파괴하기 위해 만들어졌지만 꽃과 나비를 좋아하는 거대 로봇 Mighty Robot이 친구가 되어 다른 행성의 악당들로부터 지구를 지키는 이야기이다. 남학생뿐만 아니라 여학생들에게도 인기 만점인 책이다.
'Geronimo Stilton' 시리즈	Geronimo Stilton	New Mouse City에서 유명한 신문사를 운영하는 쥐 Geronimo Stilton의 이야기이다. 모험을 싫어하는 성격이지만 가족들과 자꾸 모험에 빠지게 된다. 쥐들의 세상을 재미있게 다룬 책이다.
'Horrid Henry' 시리즈	Francesca Simon	꼬마 악동 Henry의 엉뚱하고 흥미진진한 일상을 다룬 책이다. 남자아이들이 특히 좋아하는 스테디셀러이다.

104

'Wayside School' 시리즈

Louis Sachar

엘리베이터가 없는 30층 학교 Wayside School 30층 교실에서 일어나는 엉뚱한 선생님들과 엉뚱한 학생들의 이야기이다. 작가의 기상천외한 상상력과 재치에 웃을 수밖에 없다.

초등 고학년 아이들이 좋아하는 영어책

도서명	지은이	내용
'Roald Dahl' 시리즈	Roald Dahl	〈찰리와 초콜릿 공장〉으로 유명한 Roald Dahl의 책들이다. Roald Dahl은 현대 동화에서 '가장 대담하고, 흥미롭고, 유쾌하고, 신나고, 뻔뻔스럽고, 재미있는 어린이 책'을 만든 작가라는 평을 받고 있다. 기발한 상상력으로 가득한 이야기를 즐길 수 있다.
'Diary of a Wimpy Kid' 시리즈	Jeff Kinney	천방지축, 유쾌 발랄 소년 Greg Heffley가 학교생활, 이성, 친구, 가족 문제 등을 일기 형식으로 쓴 책이다. 직접 손으로 쓴 듯한 글씨체와 군데군데 들어간 삽화가 독특하다.

영 어 책 과
시 랑 에
빠 지 게 하 는
마 법 의 주 문

'Captain Underpants'
시리즈

Dav Pilkey

장난꾸러기 George와 Herold가 탄
생시킨 최고의 슈퍼 영웅 팬티 입은 빤
스맨의 이야기이다. 코믹한 삽화만 봐
도 웃음이 나오는 매력적인 책이다. 남
자아이들에게 특히 인기가 많다.

'The 39 Clues' 시리즈

Gordon Korman

주인공 Amy와 Dan이 카힐 가문의 강
력한 힘의 원천을 알기 위해 39개의 단
서를 찾아 전 세계를 여행하는 이야기
이다. 모험, 추리, 액션을 즐길 수 있다.

아이의 취향을 존중하라

🍪 아이의 방식을 존중하자

아이들이 책을 읽는 방식은 저마다 다르다. 영어책 읽기 코칭은 다름을 배려해 주고 존중하는 데서 출발한다. 좋아하는 책도 각기 다르지만, 읽는 방식도 제각각이다. 최상의 책 읽기는 넓고 오래, 깊게 읽는 것이지만 처음부터 그렇게 읽는 아이들은 없다. 각자가 선호하는 방법으로 책 읽기를 시작한다. 그렇게 꾸준히 읽어 가다 보면 다양하고 깊게 읽는 훌륭한 독자가 되어 간다.

중요한 것은 아이가 흥미를 잃지 않고 꾸준히 읽어 가는 것이다. 그러려면 어른들의 태도가 중요하다. 전집을 샀는데 그중 몇 권만 읽는다고 다른 책도 좀 읽으라고 강요해서는 안 된다. 속도가 빠를 때도 이해하며 읽고 있는지 확인하려 해서는 안 된다. 영어 그림책이 너무 쉬운 것은 아닌지 우려되어 보다 어려운 책을 읽으라고 하는 것도 금물이다.

🍪 선택권은 무조건 아이에게 주자

아이가 무언가를 정말 좋아하고 꾸준히 하기 위해서는 자신이 하고 싶은 방식으로 할 자유가 필요하다. 책의 주제, 종류, 읽는 권수 등에 대한 선택권을 전적으로 아이에게 주자. 책이 재미있으면 아이는 열 번이고 백 번이고 읽는다. 다음 내용이 궁금해 빨리 읽을 수도 있고 내용이 재미있으면 레벨에 상관없이 쉬운 책도 좋아할 수 있다.

어른들이 자꾸 책 읽기에 간섭하고 내용을 확인하려 하는 것은 영어책 읽기를 영어 공부로 여기기 때문이다. 공부라고 생각하면 아이는 온전히 영어책 읽기에 빠져들 수 없다.

아이들은 읽은 내용을 확인해 가면서 책을 읽지 않는다. 그저 이야기에 흠뻑 빠져서 자신도 모르게 책장을 넘긴다. 거기에 어른들의 간섭이 더해지면 흥미는 떨어지고 책 읽기는 숙제처럼 받아들여질 수밖에 없다.

🍪 영어책을 읽는 아이들의 다양한 유형

① 정독형 : 다독형

영어책을 읽을 때 한 번 읽었던 것은 다시 읽지 않고 다른 책을 찾는 다독형의 아이들이 있다. 반면에 읽었던 책을 여러 번 반복해서 읽는 정독형의 아이들도 있다. 사실 정독이냐 다독이냐를 따지는 것은 중요하지 않다. 정독을 통해 다독으로 가는 아이들도 있고 다독을 통해 정독으로 가는 아이들도 있다.

하지만 우리나라에서는 책 읽기의 학습적인 측면이 강해 정독을 지향하는 경향이 짙다. 상황이 이렇다 보니 정독에 익숙한 어른들은 빨리, 많이 읽는 아이들의 모습을 보며 불안해한다.

아이들이 적은 양의 책을 정성 들여 읽는 데는 한계가 있다. 그리고 오히려 실력은 자기도 모르게 다양한 책을 많이 읽어 갈 때 키워진다.

②빨리 읽기 : 천천히 읽기

책을 읽는 속도는 아이의 성향에 달려 있는 경우가 많다. 다음 내용이 궁금해서 빨리 읽을 수도 있고, 지금 장면이 재미있어서 천천히 즐길 수도 있다. 이미 읽었던 책의 경우 내용을 건너뛰며 읽을 수도 있다. 물론 영어책 읽기에 익숙해지면 속도는 자연히 빨라진다. 그것도 아이가 책 읽기의 즐거움에 빠지는 과정이라고 생각하자.

③혼자 읽기 : 읽어 달라고 하기

영어 도서관에도 책을 읽어 달라고 하는 아이들이 있다. 혼자서 잘 못 읽어서 그런 경우도 있지만 선생님이 들려주는 이야기를 좋아해서 그럴 수도 있다. 이럴 때 '혼자서도 읽을 수 있는데 왜 읽어 달라고 하니?'라고 하면 안 된다. 읽어 달라고 하는 이유가 함께 시간을 보내고 싶어서 그런 것일 수도 있다. 대부분의 아이들이 부모가 친근한 목소리로 책을 읽어 주는 것을 좋아한다.

시간이 지나면 많은 양의 책을 스스로 읽을 때가 온다. 그때까지는 기쁜 마음으로 아이에게 책 읽어 주는 시간을 즐겨 보자.

④그림책 선호형 : 리더스북, 챕터북 선호형

초등 저학년과 중학년은 그림책, 리더스북, 챕터북을 주로 읽는다. 아이들마다 선호하는 영어책의 종류도 다른데, 그림책을 좋아할 수도 있고 리더스북, 챕터북을 주로 읽을 수도 있다.

하지만 어른들이 보기에 그림책은 어린아이들이 보는 책 같고 쉬워 보인다. 그래서일까. 그림책을 읽는 아이에게 부모가 '너는 왜 쉬운 책만 읽니?'라고 말하는 장면을 종종 목격했다.

사실 이것은 잘 모르고 하는 말이다. 리더스북과 챕터북은 한정된 어휘로 쓰인 책이지만, 그림책은 어휘에 제한을 두지 않고 쓴 책이라 창의력이 가장 높다. 어휘와 문장 수준 역시 높다. 그림책을 좋아하면 그림에서 어휘의 의미를 유추해 내는 능력도 길러지고 어휘 수준도 자연스럽게 올라간다.

🦋 그림책 vs 리더스북 vs 챕터북

①그림책Picture Book

그림이 차지하는 비중이 50퍼센트 이상 되는 책으로 그림 위주로 이야기가 전개된다. 그림이 많아서 쉬울 것이라고 생각하기 쉽지만, 유아부터 초등 고학년 아이들까지 볼 수 있으며 그에 따른 난이도는 천차만별이다. 작가가 심혈을 기울여 만들기에 다양한 어휘와 창의적인 문체가 돋보이는 책들이 많다.

② 리더스북Reader's Book

본격적인 읽기 책으로 연령별, 학년별로 레벨 표시가 되어 있다. 단어와 표현이 반복되며 짧은 문장으로 되어 있어 처음 읽기를 배울 때 도움이 된다.

③ 챕터북Chapter Book

이야기를 챕터별로 구분한 책이다. 분량이 많은 소설 읽기로 넘어가기 전에 읽기 연습을 할 수 있다. 일상 이야기, 모험, 미스터리, 판타지 등 장르가 다양하다.

영어책 읽기, 아이의 속도에 맞출 것

🎮 레벨 강박증을 버려라

"어른들은 숫자를 좋아한다. 그들은 본질적인 것에 대해 물어보는 법이 없다."

《어린왕자》에 나오는 유명한 글귀로 점수 혹은 레벨에 집착하는 부모님들이 떠오른다. 대한민국의 부모님들은 레벨에 무척 집착하신다. 대형 어학원에서 수년간 아이들을 가르쳐 온 경험을 비추어 볼 때 아이의 영어 레벨에 강박을 가진 부모님들이 상당히 많다. 아이들이 정기적으로 치는 레벨 테스트에서 점수가 오르지 않으면 불안해한다. '옆집 아이는 시험에서 몇 점을 받아 레벨이 올라갔다고 하더라. 우리 아이는 점수가 내려갔는데……' 그러면서 아이를 불러 야단친다.

레벨이라는 잣대로 아이의 영어를 평가하지 말자. 한창 배우는 재미에 빠진 아이들을 즐거움에서 멀어지게 하지 말자.

영어는 아이가 평생 써야 할 언어이자 도구이다. 천천히 올라가더라도 좋아하기만 하면 정상까지 오를 수 있다. 그러니 제발 다른 아이와 비교하지 말자.

영어의 최고 실력자는 레벨이 높은 아이가 아니다. 영어책을 읽고 흥분에 들떠 읽은 내용을 신나게 떠드는 아이다. '영어책 읽기가 세상에서 제일 재미있어요!'라고 말하며 행복해하는 아이다.

🍪 빙산의 일각 말고 빙산에 집중하자

아이들의 영어 실력을 가늠해 보는 시험은 그 종류만 해도 무척 다양한데, 부모님들 중에는 시험에서 몇 점을 받았는지에 집착하며 실력이 점수와 일치한다고 믿는 분들이 있다. 하지만 그것은 잘못된 생각이다.

진짜 실력은 눈에 보이지 않는다. 눈에 보이는 학습의 결과는 10퍼센트도 안 된다. 빙산의 일각이다. 진짜 실력인 거대한 빙산은 90퍼센트 이상 물속에 잠겨서 눈에 보이지 않는다.

눈에 보이는 결과만 놓고 조급해하지 말자. 시험으로만 영어 실력을 판단하기는 무척 어렵다. 시험으로는 단편적인 부분만 알 수 있다. 시험 문제를 잘 맞추어서 몇 점을 받는지는 그리 중요하지 않다.

중요한 것은 눈에 보이지 않는 진짜 실력이다. 방대한 배경지식을 쌓고 영어로 사고하며 생각을 자유롭게 표현하는 것이 진짜 실력이다. 영어책을 통해 영어를 배워 가는 아이들은 빙산을 만들고 있는 중이다.

그러니 빙산의 일각에 집착하지 말고 빙산 자체에 집중하자.

콩나물에 물을 주면 물은 밑으로 다 빠져 버리고 없다. 그래서인지 콩나물도 그대로인 것 같다. 하지만 계속해서 물을 주면 콩나물은 어느새 훌쩍 자라 있다. 마찬가지다. 영어책을 한 권 읽었다고 해서 아이가 크게 달라지지는 않는다. 100권, 200권을 읽었을 때 나타나는 결과도 크게 뚜렷하지 않다. 그저 꾸준하게 충분히 읽다 보면 아이의 영어 실력은 어느새 훌쩍 자라 있을 것이다.

영어 책읽기 코칭을 하다 보면 '우리 아이가 빨리 글이 많은 챕터북을 읽었으면 좋겠어요'라고 하시는 학부모님들이 계신다. 영어책의 수준을 높이는 것은 아이가 충분히 많이 읽은 뒤에야 가능하다. 그러니 부담을 느끼지 않고 스스로 원할 때까지 기다려 주어야 한다. 충분히 쉽고 재미있으면 아이는 책 읽기에 몰입하며 읽는 시간도 길어진다. 읽는 호흡이 길어지면 두꺼운 책들도 자연히 읽어 낸다. 영어책의 수준 높이기는 이렇듯 자연스럽게 이루어져야 한다.

가성비 영어

아이가 계속 쉬운 책을 읽거나, 같은 책을 반복해서 읽어도 괜찮다. 아이들은 좋아하는 책이 있으면 몇 번이고 반복해서 본다. 그렇게 책의 내용을 흡수해서 자기 것으로 만든다. 영어 도서관에서 아이들과 함께 책을 읽다 보면 그런 아이들의 모습에 놀랄 때가 많다. 책에 나왔던 표현과 문장을 자기만의 문장으로 재탄생시키는 아이들을 볼 때마다 탄성이 절로 나온다.

3살 서준이가 클레이를 빨강, 파랑, 노랑 색깔별로 두고 'Color me red!', 'Color me blue!', 'Color me yellow!'라고 외쳤다. 《Colour Me Happy!》에 나오는 문장을 말한 것이다. 책에는 'When I'm bored, colour me grey지루할 때는 나를 회색으로 색칠해 줘'라는 재미있는 표현이 나온다.

정작 엄마는 읽어 준 내용을 다 기억하지 못하는데 아이는 그것을 흡수해 일상생활에서 표현한다. 수도 없이 반복해서 읽어 주다 보면 어느 순간 아이의 입에서는 그 단어와 표현들이 쏟아져 나온다. 그럴 때마다 반복해서 읽기의 힘을 깨닫고 새삼 놀라게 된다.

성취감을 맛보게 하라

🍪 영어책 100권 읽기에 도전하게 하라

필자는 독서 모임에서 100일 동안 100권의 책을 읽는 프로젝트에 도전해서 성공한 경험이 있다. 그전에도 책을 좋아해서 많이 읽는 편이었지만, 뚜렷한 목표와 마감일을 정하고 읽은 것은 처음이었다. 100권을 읽고 받은 트로피도 기뻤지만, 무엇보다도 크게 얻은 것은 성취감과 책을 읽는 습관이었다. 무언가를 이루어 냈다는 성취감이 책 읽기에 자신감을 불어넣어 주었다. 그 덕에 하루에 한 권 정도의 책을 읽기 위해 짧은 시간이어도 집중해서 읽는 습관이 생겼다.

아이들이 영어책을 읽을 때도 성취감을 경험하게 해서 동기 부여를 줄 수 있다. 리딩리더 도서관에는 '영어책 다독왕' 이벤트가 있는데 방식은 간단하다. 독서록에 읽은 영어책의 권수와 제목을 기록하게 한다. 그렇게 해서 100권, 300권, 500권, 1,000권을 읽을 때마다 아이들

116

에게 작은 이벤트를 열어 준다. 사진도 찍고, 인터뷰도 하고 상품도 준다. 100권을 읽고 받는 상품이어 봐야 햄버거 세트나 아이스크림 교환권이지만 그렇게 좋아할 수가 없다.

100권을 읽은 아이들은 영어책을 읽는 습관이 생긴다. 영어책 읽기에 거부감이 없어지고 재미도 느끼게 된다. 자신만의 책 읽기 스타일도 만들어 간다. 특별히 좋아하는 책이 생기고 좋아하는 작가의 이름도 외우게 된다.

초등 2학년 유은이는 영어책 100권을 읽고 가족들과 작은 파티를 열었다. 유은이는 스스로 100권을 읽었다는 사실을 무척 자랑스러워했는데, 유은이는 100권 읽기를 달성한 날 얼른 집에 가서 부모님과 동생들에게 이야기해 주고 싶어 했다. 특별히 좋아하는 작가들도 생겼는데 Mo Willems와 Dr. Seuss이다. 좋아하는 작가의 책을 다른 아이들에게 소개하는 모습을 보면 마치 북큐레이터 같다.

초등 1학년 채원이는 처음 도서관에 왔을 때 '저는 영어가 어려워요'라고 말했다. 그러던 채원이가 쉬운 영어책을 읽기 시작하더니 영어책 100권 읽기에 도전했다. 도서관에 오면 제일 먼저 책장으로 달려가 읽을 책을 골랐다. 어떨 때는 남아서 읽고 가면 안 되느냐고 부탁하기도 했다. 심지어 화장실에 갈 때도 영어책을 가져갔다. 100권 읽기를 달성하던 날 채원이는 함박 미소를 지으며 '이제는 영어가 재미있어요'라고 말했다.

아이들에게 작은 승리는 커다란 기억으로 저장된다. 알파벳과 파닉스를 배우고 처음으로 혼자서 책을 읽어 낼 때, 아이는 큰 승리감을 맛본다. 쉽고 얇은 책으로도 얼마든지 승리의 경험을 만들어 줄 수 있다.

혼자서도 책을 읽을 수 있다는 자신감을 불어넣어 줄 수 있다.

이때, 영어 독서록을 따로 만들어서 아이가 직접 쓰게 할 수도 있다. 그러면 아이들은 자신이 읽은 책의 목록을 보면서 흐뭇해한다. 마치 소중한 보물을 다루듯 한다. 몇 권만 더 읽으면 500권이 된다며 열정을 불태운다. 애벌레, 기차, 지렁이 모양의 독서 진도표를 만들어 벽에 붙이는 것도 하나의 방법이다. 아이가 책을 읽으면서 자신의 성취 기록을 볼 수 있도록 하자.

🍪 최고의 보상은 '책 읽기'

영어책 읽기에 성취감을 맛본 아이들은 스스로 읽는 습관을 들이게 된다. 책을 읽는 시간이 점점 늘어 가고 더 많은 양을 읽게 된다. 책 읽는 맛에 빠진다. 그 다음부터 아이들에게 최고의 보상은 '책 읽기' 그 자체가 된다.

리딩리더 도서관에는 책의 맛에 중독된 아이들이 있다. 쉬는 시간에도 책을 보며 집에 갈 시간인데도 끝까지 책장을 붙들고 있다. 한자리에서 책 탑을 쌓아 놓고 여러 권을 읽는다. 이때 자기가 좋아하는 시리즈의 새 책을 구해다 주면 어떤 선물보다도 좋아한다. 그중에는 영어 도서관을 짓는 것이 꿈이라는 아이도 있다.

아이에게 최고의 보상은 '책 읽기' 그 자체여야 한다. 《Magic Tree House》에 나오는 Jack과 Annie가 책을 펼치고 주문을 외우면 시간과 공간을 넘나들며 모험을 떠나듯 아이들도 마찬가지다. 아이들은 책장을 열자마자 책의 세계로 빠져든다. '오늘은 어디로 가 볼까' 하고 가슴 설레며 읽는 책 읽기가 아이들에게는 최고의 보상이다.

영어 책과
사 랑 에
빠지게 하는
마법의 주문

쉽고 재미있게
영어책을 읽는 7step

Step 1.
영어 소리 상자 만들어 주기 Sound First

◦◦ 언어라는 음악에 노출시키기

'귀의 아인슈타인'이라 불리는 알프레드 토머티스 Alfred Tomatis 박사는 '언어란 특정 리듬과 소리로 구성된 특별한 음악'이라고 말했다. 새로운 언어를 익히려면 그 소리에 계속해서 노출되어야 한다. 그래야 특정 리듬과 소리를 처리할 수 있는 능력이 생긴다.

우리가 모국어를 습득할 때도 같은 과정을 거친다. 세상에 태어난 아기는 우리말이 들리는 환경에 지속적으로 노출된다. 부모는 아기에게 '엄마', '아빠' 단어를 수없이 반복해서 들려준다. 그러다 소리의 인풋 input이 어느 정도 쌓이면(약 1년) 아기는 들었던 언어들을 입으로 쏟아내기 시작한다. 수도 없이 들었던 단어들을 먼저 말한다. 그래서 아이가 제일 처음 말하는 단어는 보통 '엄마'이다. 아이에게 가장 많이 들려주는 단어가 '엄마'이기 때문이다. 아기는 듣지 못한 것은 말로도 하지 못한다.

영어는 우리말과 달리 음악적인 언어이다. 특히 높낮이, 억양이 중요하다. 그러니 아이가 영어에 친숙해지길 바란다면 먼저 환경을 만들어 주어야 한다. 음악도 계속 들은 아이가 음악을 잘 알게 되고 즐기게 되듯이 영어도 마찬가지다. 많이 들어 본 아이가 들은 것을 자연스럽게 재생한다.

알프레드 토머티스 박사의 언어별 주파수 연구에 따르면 한국어와 영어의 주파수 영역은 크게 다르다. 미국식 영어가 1000~6000Hz대라면, 한국어는 200~2000Hz대이다. 그러니 들었을 때 영어가 생소한 것은 너무도 당연하다. 아기들도 마찬가지다. 한국어와 영어를 다른 음악으로 인지한다.

필자는 3살 서준이에게 한국어와 영어를 혼용해서 쓰는데, 신기한 것은 영어로 질문하면 영어로 대답하고, 우리말로 질문하면 우리말로 대답한다. 처음 말해 주는 단어가 영어인지 우리말인지도 구분한다. 한국어와 영어의 주파수가 크게 차이 나기 때문이다.

우리말과 현저히 다른 주파수를 가진 영어는 완전히 다른 음악이자 언어이다. 아이들은 우리말과 다른 언어인 영어의 소리에 익숙해져야 한다. 그래야 영어와 친해질 수 있다. 처음에는 생소하여 낯설어하거나 불편해할 수도 있지만 듣다 보면 금세 친숙해진다.

🎵 영어의 소리를 즐기게 하는 5가지 방법

①엄마 아빠의 목소리로 읽어 주기

영어의 주파수는 우리말과 많이 달라서 처음 들으면 아이가 불편해할 수 있다. 이때 친숙한 부모의 목소리로 들려주면 아이의 경계심을 풀어 줄 수 있다. 아이는 부모가 즐겁게 읽어 주는지 억지로 읽어 주는지 금세 알아차린다. 부모가 즐기는 만큼 아이 마음의 문도 활짝 열린다.

아이를 낳고 영어 그림책의 매력에 푹 빠진 필자는 이제 아이보다 영어 그림책을 더 좋아하게 되었다. 그림책을 읽어 주는 재미에 빠져서 밤이 되면 목이 쉬어 목소리가 안 나올 때도 있었다.

아이는 엄마가 읽어 주는 목소리 그대로 따라 하는데 그러다 책에서 본 내용을 그대로 말하기 시작한다.

②영어 노래 들려주기

알프레드 토머티스 박사의 견해처럼 아이들은 언어를 음악으로 먼저 받아들인다. 아이들은 노래를 좋아해 영어 노래를 들려주면 리듬감이 있는 소리에 금세 익숙해진다. 아이들에게 영어 노래를 불러 주고 들려주면 같이 흥얼거리다가 혼자서도 부른다.(언어의 리듬과 반복이 들어간 노래를 들려주는 것이 좋다)

미국의 마더구스Mothergoose와 영국의 너서리 라임Nursery Rhymes은 옛날부터 전해 내려오는 전래 동요를 말한다. 언어의 리듬과 반복이 잘 살아 있는 시, 노래, 챈트라서 아이들에게 들려주기 좋다. 책과 CD로도 나오며 유튜브에서도 영상과 노래를 쉽게 검색해 볼 수 있다. (Tip. 마더구스 사이트 : http://www.mothergooseclub.com/nursery-rhymes)

③ 오디오 들려주기

영어책을 읽어 주다 보면 좋아하는 책이 생겨 아이는 반복해서 읽어 달라고 한다. 그럴 때 책이나 노래의 음원을 들려주면 좋다.(아이가 내용을 알고 재미있어 하는 음원을 들려주면 더욱 좋다)영어에 노출시키기 위해서 모르는 내용의 음원을 그냥 틀어 놓는 경우도 있는데, 아이가 내용을 몰라 흥미를 느끼지 못하면 그저 무의미한 소리에 지나지 않는다. 오디오 들려주기 역시 아이가 흥미를 느끼고 내용에 빠질 수 있어야 한다.

서준이의 경우 영어책을 읽어 주고 반응이 좋으면 음원을 들려주었다. 놀 때도 배경 음악처럼 틀어 놓았다. 그러면 아이는 놀면서 오디오를 듣고 따라 하며 흥얼거린다. 그러다 아예 기기 앞에 앉아서 주의 깊게 듣기도 하고 음원에 해당하는 책을 가져와서 보기도 한다. (Tip. 영어 그림책의 제목을 유튜브에 검색하면 원어민이 읽어 주는 영상들이 많다. 음원이 없는 그림책의 경우에는 유튜브를 적극 활용해 보자)

④ 어린이 영어 방송 보여 주기

아이가 5~6세 이상이 되면 영어로 된 영상물을 하루에 30분 정도 보여 주는 것이 좋다. 특히 미국과 영국에서 제작된 어린이 방송 중에는 단어와 표현을 쉽고 재미있게 배울 수 있도록 구성된 것들이 많다. (Tip. 영상물을 보여 줄때는 아이 혼자 보게 하기보다는 부모가 함께 보면서 같이 대화하는 것이 좋다)

⑤ DVD 보여 주기

영상물의 최대 장점은 아이가 소리와 영상을 연결시켜서 상황에 맞는 영어를 배울 수 있다는 것이다.

다음은 아이들에게 보여 줄 수 있는 DVD 종류이다.

✿ 영어 그림책 DVD : 그림책을 읽어 주는 DVD이다.

✿ 책과 연계된 DVD : 인기 있는 책 시리즈를 만화로 제작한 DVD
  이다. 아이가 좋아하는 책이라면 같이 보여 주었을 때 흥미를 가
  지고 친숙하게 볼 수 있다.

✿ 영화 DVD : 디즈니나 픽사의 애니메이션 DVD가 대표적이다.

리딩리더 영어 도서관의 인기 영어책+DVD

영어책	DVD	내용
		'Eloise' 시리즈 : 뉴욕 호텔에 사는 6살 뉴요커 Eloise의 이야기이다. 엉뚱한 말괄량이 Eloise의 귀여운 말썽이 흥미롭다.

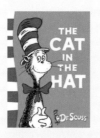

'The Cat in the Hat' :
Dr. Seuss의 대표 작품 《The Cat in the Hat》을 영화로 만들었다. 빨간 모자를 쓰고 말을 하는 고양이가 나타나 상상을 초월한 마술을 보여준다.

'Wayside School' 시리즈 :
엘리베이터가 없는 30층 학교 Wayside School에서 벌어지는 이상한 아이들의 이야기이다.

'Geronimo Stilton' 시리즈 :
Mouse Island에서 신문사를 운영하는 생쥐 Geronimo Stilton의 모험 이야기이다.

'Magic School Bus' 시리즈 :
모험을 즐기고 과학을 사랑하는 Miss Fizzle 선생님이 매직 스쿨 버스에 아이들을 태우고 신기한 마법의 현장 학습을 떠나는 이야기이다.

'Charlie and the Chocolate Factory' :
Charlie와 가족이 Willie Wonka의 초콜렛 공장을 방문하면서 겪는 신기한 모험 이야기이다.

'Matilda' :
5살짜리 천재 소녀 Matilda가 일으키는 기발하고 신나는 소동 이야기이다.

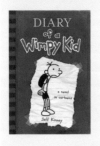
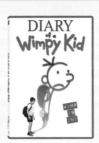

'Diary of a Wimpy Kid' 시리즈 :
천방지축, 유쾌 발랄한 소년 Greg Heffley의 학교 생활을 다룬 이야기이다.

Step 2.
영어 그림책 읽어 주기<small>Story Telling</small>

🍪 무릎에서 시작하는 책 읽어 주기

아이를 무릎에 앉혀 책을 읽어 주는 것은 아이에게 심리적인 안정과 더불어 부모의 사랑을 느끼게 한다. 부모의 품에서 이야기를 듣는 아이는 부모와 강한 유대감을 느낀다. 책을 읽어 주는 것은 대화의 또 다른 방식이다. 기쁨과 즐거움이라는 메시지를 아이에게 보내는 것이다.

책 읽어 주기는 혼자서 읽지 못하는 아이에게 영어의 소리를 입력해 준다. 장차 아이가 혼자서 책을 읽을 수 있도록 도와주는 밑거름이 된다. 아이는 부모가 읽어 주는 책을 통해 책에 대한 호기심과 흥미를 갖게 된다. 부모의 책 읽어 주기는 아이를 책의 세계로 안내하는 첫걸음이 된다.

🍪 처음 읽어 주기에 좋은 영어 그림책

아이들은 다른 언어를 접할 때 그 소리를 하나의 음악으로 받아들인다. 만약 영어 그림책을 처음 읽어 준다면 음악적 요소가 많은 책을 읽어 주는 것이 좋다. 글을 읽으면 노래를 부르는 것처럼 리듬감 있게 읽히는 책들이 여기에 해당된다. 이런 책들은 소리 내어 읽는 즐거움이 있다. 아이들은 흥미로운 소리에 반응하고 즐거워한다. (이런 영어 그림책에는 반복되는 표현과 재미있는 소리, 의성어가 자주 등장한다.)

흥미로운 소리로 가득한 그림책

도서명	지은이	내용
《Jesse Bear, What Will You Wear?》	Nancy White Carlstrom	귀여운 곰 Jesse의 하루를 노래하듯 표현한 책이다. bear, wear과 같은 라임을 즐길 수 있다.
《Dinnertime!》	Ann Weld and Kerry Argent	여섯 마리의 토끼들이 여우를 피해 도망 다니는 이야기이다. 재미있는 사건과 라임을 들을 수 있다.

 《Jamberry》	Bruce Degen	Berry를 좋아하는 곰과 여행을 떠나는 이야기이다. 사물의 이름에 berry를 붙여 재미있는 단어 만들기 놀이를 할 수 있다.
《Mr McGee and the Perfect Nest》	Pamela Allen	Lazy bird가 완벽한 집을 찾아 헤매는 이야기이다. Lazy bird가 내는 다양한 의성어가 재미있다.
 《Good-night Owl!》	Pat Hutchins	밤에는 사냥하고 낮에는 자는 Owl의 나무에 다른 동물들이 찾아와 우는 바람에 Owl은 한숨도 못 잔다는 이야기이다. 새들의 다양한 울음소리를 들을 수 있다.
 《Chicka Chicka abc》	Bill Martin Jr and John Archambault	알파벳이 코코넛 나무를 기어올랐다가 떨어진다는 이야기이다. 'Chicka Chicka Boom Boom'이 반복되어 재미있다.

Airlie
Anderson

여러 동물들의 울음소리를 리듬감 있게 즐길 수 있는 책이다.

《Cows in the Kitchen》

🍪 영어 그림책을 재미있게 읽어 주는 방법

①읽어 주기 전에 책을 읽고 내용을 생각하며 어떻게 읽어 줄지 구상해 보자.

②표지를 보고 이야기를 나누며 내용에 대한 기대와 흥미를 유발시켜 보자.

③빠르게 혹은 천천히Fast and Slow : 장면마다 읽어 주는 속도를 다르게 해 보자. 긴장되는 순간에 천천히 읽으면 긴장감을 고조시킬 수 있다.

④높게 혹은 낮게High and Low : 등장인물의 특징을 잘 살려서 목소리 톤을 바꾸어 보자.

⑤읽다가 멈추기Pause : 읽어 주다가 멈추면 아이들은 다음 내용을 기대하게 되고, 더불어 아이들의 대답도 유도할 수 있다.

⑥사랑을 듬뿍 담아 읽어 주기 : 책을 읽어 줄 때 꼭 화려한 테크닉이 있어야 하는 것은 아니다. 사랑하는 엄마, 아빠의 목소리를 듣

는 것만으로도 아이들은 충분히 재미있어 한다.

🍪 엄마 아빠를 위한 당당하게 책 읽는 팁

"선생님, 저는 영어도 못하고 발음도 안 좋은데 아이에게 영어 그림책을 읽어 주어도 괜찮을까요?"

이런 질문을 하시는 부모님들이 더러 있는데 전혀 걱정하지 않아도 된다. 다음은 주눅 들지 않고 당당하게 영어책을 읽어 주기 위한 노하우이다.

①즐거운 마음이 먼저다 : 아이들은 엄마, 아빠가 억지로 읽어 주는지 즐거운 마음으로 읽어 주는지 다 안다. 부모의 기분은 아이들에게 고스란히 전달된다. 그러니 엄마 아빠가 먼저 영어 그림책의 매력에 빠져 보자.

필자도 아이를 낳고 영어 그림책의 세계를 경험했다. 읽어 주다 보니 창의적이고 아름다운 그림책의 매력에 푹 빠지게 되었고 이제는 아이에게 영어 그림책을 읽어 주는 시간을 즐기게 되었다.

부모가 좋아하면 아이도 자연히 좋아하게 된다. 아이가 책을 읽어 달라는 시간은 잠시뿐, 이내 스스로 읽게 된다. 그러니 아이와 함께할 수 있는 시간에 감사하며 그 시간을 즐겨 보자.

②중학교 2학년 수준이면 누구나 읽어 줄 수 있다 : 중학교 2학년의 수준이라면 누구나 영어 그림책을 읽어 줄 수 있다. 영어 그림책

을 읽어 주는 데는 높은 수준의 영어가 필요하지 않다. 만약 모르는 단어가 나오면 사전을 찾아보고 몇 번 읽어 보면 된다. 영어를 잘 못한다고 미리 겁먹을 필요는 전혀 없다.

③음원, 유튜브 미리 들어 보고 읽어 주기 : 음원이 있는 영어 그림책의 경우 미리 들어 보면 읽어 줄 때 도움이 된다. 유튜브에 영어 그림책 제목을 검색하면 원어민이 읽어 주는 동영상을 손쉽게 찾을 수 있다. 미리 들어 보면 정확한 발음이나 억양을 익힐 수 있고 리듬감을 살려 재미있게 읽어 줄 수 있는 팁도 얻을 수 있다.

④책 읽으면서 역할 놀이 하기 : 아이가 특히 좋아하는 책이라면 보다 특별하게 즐길 수 있도록 해 주면 좋다. 영어 그림책에 나오는 주인공의 역할을 정해서 놀아 주면 특히 더 좋아하는데, 손가락 인형이나 퍼펫(꼭두각시 인형)을 이용해서 할 수 있다.

(**Tip.** kizclub.com의 STORIES & PROPS에서 영어 그림책의 자료를 출력해서 활용할 수 있다)

⑤영어 그림책 읽어 주기로 실력 쌓기 : 아이에게 영어 그림책을 읽어 주다가 영어 실력이 늘었다는 부모님들이 많다. 영어책을 큰 소리로 읽다 보면 발음과 억양이 자연스러워진다. 반복해서 읽다 보니 책에 나오는 문장들이 입에 붙기 시작하고 자신감도 생긴다. 아이와 역할 놀이를 하게 되면 일상에서의 영어 대화도 자연스러워진다. 아이와 부모에게 이보다 더 좋은 영어 선생님이 또 있을까?

Step 3.
그림과 이야기에 빠지게 하기Picture Books

🍪 영어 그림책의 위대한 마법

"어른들은 그림책에서 글자를 읽고, 아이들은 그림책에서 그림을 읽는다. 그리고 어른과 아이는 중간에서 만나서 대화를 나눈다."

세계적인 동화 작가 앤서니 브라운Anthony Browne의 말이다. 필자는 아이를 낳고 영어 그림책을 읽어 주기 시작하면서 새로운 세상이 열렸다. '세상에 이렇게 아름답고 독창적이며 재미있는 책이 있다니!' 실로 놀라웠다.

영어 그림책 중에는 작가가 자신의 이름을 걸고 공을 들여 완성한 작품들이 많다. 미술 작품과 문학의 만남이 그림책에서 이루어진다. 영어 그림책을 많이 읽은 아이들은 독창적이고 아름다운 영어 문장들을 자연스럽게 흡수한다.

훌륭한 그림책은 철저하게 아이들의 눈높이에 맞춰져 있기 때문에 마음을 빼앗길 수밖에 없다. 매력적인 그림과 줄거리가 있으니 계속해서 보게 된다. 반복해서 보고 듣다 보면 그림과 단어, 문장 간의 관계를 연결할 수 있다.

그림책을 읽어 줄 때 어른들은 글자를 보고 해석하려 하지만, 아이들은 그림에 집중한다. 그림과 음성 언어를 기가 막히게 연결해 간다. 하나하나 분석해서 받아들이는 것이 아니라 통째로 받아들인다.

영어 그림책의 장점은 작가가 자유롭게 쓴 문학 작품이다 보니 독창적이고 아름다운 표현이 많다는 것이다. 그 덕에 영어 그림책을 많이 본 아이들은 보석처럼 빛나는 표현들을 마구 쏟아 낸다. 어른도 어려워하는 어휘와 구조를 가진 문장들을 통째로 받아들여 자기 것으로 표현한다. 영어 그림책의 위대함은 여기에 있다.

CHAPTER 5

🍪 상상력 대가들의 작품 속으로

아이의 상상력을 키워 주는 가장 좋은 방법은 상상력의 대가들을 만나게 해 주는 것이다. 세상에서 가장 뛰어난 상상력을 가진 이들이 바로 그림책 작가들이다. 아이들은 그림책을 통해 상상력의 대가들과 만난다.

3살 서준이가 보라색 크레용을 쥐고 'Purple shouts, Yum! Bubble Gum보라색이 소리쳐요, 얌! 풍선 껌이다!'라고 말했다. 파란색 크레용에게는 'Blue calls, Sky, swing so high파란색이 불러요, 하늘아, 그네를 타고 높이 올라가'라고 말했다. 그림책《My crayons talk》에 나오는 표현을 그대로 쏟아

낸 것이다. 책은 크레용이 말을 한다는 제목부터가 설정이 남다르다. 상상력이 넘쳐흐른다. 만약 이 책을 읽지 않았다면 서준이가 크레용을 보고 이런 재미있는 표현을 할 수 있었을까?

리딩리더 영어 도서관의 인기 영어 그림책 : 유치, 초등 저학년 대상

도서명	지은이	내용
《Press Here》	Herve Tullet	하나의 점을 누르면 두 개의 점이 되고, 점을 문지르면 색깔이 변하고, 책을 흔들면 점들이 흩어지는 마법 같은 책이다. 아이들이 직접 만지면서 놀이처럼 즐길 수 있다.
《Mix It Up》	Herve Tullet	회색 점을 두드리면 여러 색깔의 물감이 튀고 다시 두드리면 물감이 모인다. 책에 손바닥을 대고 눈을 감은 뒤 다음 장으로 넘기면 손자국이 나 있다. 아이들이 만지면서 색깔놀이를 즐길 수 있는 책이다.
《This is Not My Hat》	Jon Klassen	어느 날 작은 물고기는 잠자고 있는 큰 물고기의 모자를 훔쳐 달아난다. 작은 물고기는 큰 물고기가 절대로 자신을 찾지 못할 것이라고 생각하지만 큰 물고기는 끝내 모자를 되찾는다.

《I Want My Hat Back》

Jon Klassen

어느 날 곰은 아끼는 빨간 모자를 잃어버린다. 다른 동물들에게 모자를 본 적이 있느냐고 물어보지만 아무도 보지 못했다고 한다. 하지만 토끼가 쓰고 있던 빨간 모자가 생각난 곰은 토끼를 찾아가 모자를 되찾는다.

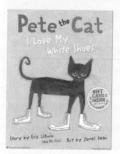

《Pete the Cat I Love My White Shoes》!

James Dean

매사에 긍정적인 Pete the Cat은 새로 산 흰 운동화를 좋아한다. 하지만 딸기를 밟아서 운동화가 빨갛게 물든다. 그러자 이제는 빨간 운동화를 좋아하게 된다. 운동화 색이 변해도 Pete the Cat은 항상 즐겁다. 유튜브 동영상의 노래를 따라 부르면서 신나게 즐길 수 있는 책이다.

가 성 비 영 어

CHAPTER 5

《There is a Bird on Your Head!》

Mo Willems

주인공 코끼리 Gerald와 돼지 Piggie는 가장 친한 친구다. 어느 날 두 마리의 새가 Gerald의 머리 위에 둥지를 틀기 시작하면서 벌어지는 우스꽝스러운 이야기를 담고 있다.

《Don't Let the Pigeon
Drive the Bus》

Mo Willems

버스 기사가 잠깐 쉬러 가면서 독자들에게 비둘기가 운전을 하지 못하게 해 달라고 부탁한다. 하지만 운전이 하고 싶은 비둘기는 다양한 방법으로 독자들에게 버스를 운전하게 해 달라고 조른다.

《Knuffle Bunny》

Mo Willems

Trixie는 아직 말이 서툴다. 아빠와 빨래방에 간 Trixie는 세탁기 안에 토끼 인형을 두고 오게 되는데, Trixie의 말을 이해하지 못하는 아빠와 Trixie가 토끼 인형을 찾기 위해 소동을 벌이는 이야기를 담고 있다.

《Penguin》

Polly Dunbar

Ben은 선물로 받은 Penguin과 친구가 되고 싶지만, Penguin은 아무런 대답이 없다. 아무리 노력해도 대꾸가 없는 Penguin에게 화가 나지만, Penguin은 사자로부터 Ben을 구해 주고 마침내 Ben의 친구가 되어 준다.

《My Crayons Talk》

Patricia Hubbard

각기 다른 색깔의 크레용들이 노래를 한다. 라임을 잘 살려서 읽으면 더욱 재미있는 책이다.

《Handa's Surprise》

Eileen Browne

Handa는 친구 Akeyo에게 줄 일곱 가지 과일을 바구니에 담고 길을 떠난다. 하지만 동물들이 Handa의 바구니에서 과일을 하나씩 가져간다. 그러던 중 텅 빈 바구니에 귤이 떨어지는데, 귤을 본 Akeyo는 좋아하고 Handa는 놀란다는 이야기이다.

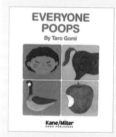

《Everyone Poops》

Taro Gomi

코끼리는 큰 똥을 싸고, 쥐는 작은 똥을 싼다. 다양한 동물들이 다양한 똥을 싼다. 모양, 색깔, 냄새가 다 다르다.

《Bark, George》

Jules Feiffer

강아지 George는 '멍멍'하고 짖지 않고 '야옹', '꽥꽥', '음모'하고 다른 동물들의 소리를 낸다. 걱정이 된 엄마는 George를 데리고 병원에 가는데, 의사는 George에게서 고양이, 오리, 젖소를 꺼내 보인다. 작가의 기발한 상상력이 돋보이는 책이다.

도서명	지은이	내용
《The Princess and the Dragon》	Audrey Wood	누더기 같은 옷을 입기 좋아하고 진흙탕에서 돼지와 뒹구는 전혀 공주 같지 않은 공주의 이야기이다. 동굴에 사는 용은 드레스를 입고 피아노 연주하기를 좋아해 공주는 동굴에서, 용은 성에서 바꿔 살기로 한다.
《Tooth Fairy》	Audrey Wood	빠진 이를 베개 밑에 두고 자면 이빨 요정이 와서 이빨은 가져가고 보물을 둔다. Jessica 는 빠진 이 대신 옥수수를 하얗게 칠해서 베개 밑에 두고 잔다. 꿈에서 이빨 요정의 궁전에 가게 된 Jessica는 거짓말의 대가로 지하 감옥에 가게 된다. 다시는 그러지 않겠다고 결심하는 Jessica, 결국 아침에 일어나 이를 닦는데 이가 빠진다.
《The Paper Bag Princess》	Robert Munsch	용에게 잡혀간 왕자를 공주가 구한다는 이야기이다. 하지만 철없는 왕자는 지저분해진 공주의 옷을 보고 핀잔한다. 왕자에게 실망한 공주는 왕자를 떠나보내고 스스로 멋진 삶을 살아간다.

《Prince Cinders》

Babette Cole

남자 신데렐라의 이야기이다. 형들은 모두 무도회에 가고 홀로 남아 집안일을 하는 신데렐라에게 요정이 나타난다. 요정은 신데렐라를 멋지게 변신시켜 주겠다고 하고는 그만 고릴라로 만들어 버린다. 결국 고릴라의 모습으로 무도회에 간 신데렐라는 공주를 만나게 된다.

《Doctor De Soto》

William Steig

동물들의 치과 의사 Doctor De Soto에게 어느 날 여우가 찾아와 치료를 해 달라고 한다. 생쥐 의사는 여우에게 잡아먹힐지도 모르는 위험을 무릅쓰고 여우를 치료해 주며 지혜로 탐욕스러운 여우를 물러가게 한다.

《The True Story of the 3 Little Pigs!》

Jon Scieszka

《아기 돼지 삼형제》의 이야기를 늑대 입장에서 재해석한 책이다. 늑대는 할머니의 생일 케이크를 만드는 데 필요한 설탕을 빌리러 돼지에게 갔다가 크게 재채기를 한다. 그 바람에 돼지의 집은 날아가고 통돼지 구이가 된 돼지를 그냥 둘 수 없어 먹었다고 한다.

《Sylvester and the
Magic Pebble》

William
Steig

조약돌 모으기를 좋아하는 Sylvester는 원하는 것으로 변하는 마법의 조약돌을 우연히 발견한다. 그때 갑자기 사자가 나타나자 놀란 Sylvester는 바위가 되고 싶다고 말한다. Sylvester가 바위가 된 줄 모르는 아빠 엄마가 Sylvester를 애타게 찾는 내용이다.

Step 4.
스스로 읽는 것을 도와주기Independent Reading

파닉스는 책 읽기를 도와주는 도구이다

아이에게 영어를 많이 들려주어 영어 소리 상자가 생기고, 그림책 읽어 주기를 통해 그림과 이야기에 빠졌다면 아이는 스스로 책 읽기를 원할 것이다. 그럴 때는 아이가 읽기 독립을 할 수 있도록 옆에서 도와 주어야 한다.

혼자서도 책을 읽을 수 있는 능력을 갖게 되면 아이는 큰 성취감을 맛볼 뿐만 아니라 보고 싶은 책을 선택해서 스스로 읽을 수 있는 신세 계로 발을 들여놓게 된다. 이는 엄청난 양의 책을 읽어 나갈 수 있다는 다독의 시작을 의미한다.

파닉스는 소리와 철자의 관계를 깨우쳐 문자를 해독하고 이해하는 것을 말한다. 예를 들어 영어의 소리와 철자의 관계를 깨우친 아이들은 Can을 보고 c는 '크', a는 '애', n은 '은'소리가 남을 알고 이 소리들을 합쳐 '캔'이라고 읽는다.

중요한 것은 파닉스를 배우는 목적이 영어책 읽기를 도와주기 위함이라는 점이다. 우리나라 대부분의 영어 기관에서 가장 먼저 가르치는 것이 바로 파닉스다. 파닉스를 배움으로써 아이들은 간단한 단어들을 소리 내어 읽을 수 있다. 이때 단어를 읽는 것에만 목적을 두면 파닉스를 배워도 책을 읽지 못한다. 파닉스를 배우고 자연스럽게 쉬운 책을 읽어 갈 수 있도록 부모가 옆에서 도와주어야 한다.

🍪 스스로 읽기를 가능하게 해 주는 사이트 워드

사이트 워드Sight Word란 눈으로 보고 바로 인지할 수 있는 단어를 말한다. 사이트 워드의 특징은 파닉스 규칙에서 벗어나는 단어들이 많다는 것이다. 예를 들어 Put의 경우 파닉스 규칙에 따르면 단모음 u는 '어'소리가 나는데 Put은 '펏'이 아닌 '풋'이라고 읽는다.

대표적인 사이트 워드로는 'a, and, for, he, is, of, that, the, to, was, you' 등이 있는데 이 11개의 단어들은 영어 문장의 25퍼센트를 차지한다. 그 외 100개의 사이트 워드는 영어 문장의 50퍼센트를 차지한다. 즉 아이들이 100개의 사이트 워드를 익힌다면 영어 문장의 반은 쉽게 읽을 수 있다는 것이다.

100개의 사이트 워드를 눈에 익히고 바로 읽을 수 있게 하면 아이들이 스스로 읽기를 하는 데 큰 도움이 되며 자신감도 심어 줄 수 있다.

대표적인 사이트 워드

Dolch Sight Words

List 1	List 2	List 3	List 4	List 5	List 6	List 7	List 8	List 9	List 10	List 11
the	at	do	big	from	away	walk	tell	soon	use	wash
to	him	can	went	good	old	two	much	made	fast	show
and	with	could	are	any	by	or	keep	run	say	hot
he	up	when	come	about	their	before	give	gave	light	because
a	all	did	if	around	here	play	work	open	pick	far
I	look	what	now	want	eat	who	first	has	hurt	live
you	is	so	long	don't	again	been	try	find	pull	draw
it	her	see	no	how	saw	may	new	only	cut	clean
of	there	not	come	know	call	stop	must	us	kind	grow
in	some	were	ask	right	after	off	start	three	both	best
was	out	get	very	put	well	seven	black	our	sit	upon
said	as	them	an	too	think	eight	white	better	which	these
his	be	like	over	got	ran	cold	ten	hold	fall	sing
that	have	one	your	take	let	myself	does	buy	carry	together
she	go	this	its	where	help	round	bring	funny	small	please
for	we	my	ride	every	make		goes	warm	under	thank
on	am	would	into	pretty	going		write	ate	read	wish
they	then	me	just	brown	sleep		always	full	why	many
but	little	will	blue	yellow	today		drink	those	own	shall
had	down	yes	red	green	fly		once	done	found	laugh
				four	five					
					six					

출처: www.sightwords.com

🍪 스스로 읽기에 자신감을 불어넣어 주는 파닉스 리더스

아이가 파닉스를 배워서 쉬운 영어 단어들을 읽을 수 있게 되었다면 쉬운 문장들로 구성된 책 읽기로 넘어가게 해 주자. 그 과정을 도와주는 책이 바로 파닉스 리더스Phonics Readers다. 파닉스 리더스는 파닉스 규칙이 적용되는 읽기 쉬운 단어들과 사이트 워드로 구성되어 있다.

파닉스를 배우고 단어만 읽게 하는 것에 그치면 아이들은 책을 잘 읽지 못한다. 파닉스를 어느 정도 익힌 뒤에는 파닉스 리더스 읽기를 병행하는 것이 효과적이다. 이제 겨우 쉬운 영어 단어 몇 개를 읽는 아이들도 파닉스 리더스는 소리 내어 읽을 수 있다.

얇고 아주 쉬운 책이지만 혼자서도 책을 읽을 수 있다는 자신감과 성취감을 느낄 수 있다. 스스로 읽는 파닉스 리더스를 통해 아이는 즐거운 영어책 읽기의 세계로 나아가게 된다.

대표적인 파닉스 리더스

Floppy's Phonics

I Can Read Phonics

JY Phonics Readers

Step 5.
소리 내어 읽게 하기_{Read Aloud}

영어의 유창성을 기르는 소리 내어 읽기

아이가 스스로 읽기 시작하면 반드시 소리 내어 읽게 해야 한다. 어떤 언어이든지 소리 내서 읽게 하면 비약적인 발달을 기대할 수 있다. 우리나라에도 그런 전통이 있는데 그 대표적인 예가 바로 서당이다. 우리 조상들은 아이들의 두뇌와 언어 능력 발달에 도움이 되는 방법을 일찌감치 깨닫고 가르쳤던 것이다.

영어를 잘하고 못하고를 이야기할 때 빠지지 않는 것이 바로 유창성이다. 영어가 유창하다는 것은 적절한 속도로 정확하게 이해하면서 읽고 말할 수 있음을 뜻한다.

소리 내어 읽기를 하면 영어의 유창성이 길러진다. 정확한 발음과 자연스러운 억양을 익힐 수 있다. 내용을 이해하면서 읽는지는 끊어 읽기를 통해 확인할 수 있는데, 소리 내어 읽기를 하면 끊어 읽기를 잘하게 된다. 또한 읽으면서 감정 이입을 하기 때문에 실감 나게 읽는 고급 기술까지 생긴다.

이처럼 소리 내어 읽기는 읽기 능력뿐만 아니라 듣기, 말하기 능력도 크게 발달시킨다.

🍪 두뇌를 활성화시키는 소리 내어 읽기

소리 내어 읽기는 두뇌를 자극하고 활성화시킨다. 일본 도호쿠 대학의 가와시마 류타 교수는 소리 내어 읽을 때 뇌의 신경 세포가 70퍼센트 이상 반응한다는 연구 결과를 발표했다.

아이가 소리 내어 읽기를 할 경우 먼저 눈으로 책을 보게 된다. 이때 시각 정보를 처리하는 두뇌의 영역이 활성화된다. 목소리를 듣고는 청각 정보를 처리하는 영역이 활성화된다. 그런 뒤 두뇌는 명령을 내려서 목과 입을 움직여 말하기에 관여하는 영역을 활성화시킨다.

소리 내어 읽기를 할 때 아이의 두뇌는 자극을 통해 활성화된다. 이 과정으로 아이는 언어를 표현하는 두뇌의 영역을 계발해 간다.

🍪 효과적으로 소리 내어 읽기 5step

Step 1. 음원 듣고 따라 읽기 : 영어책을 소리 내어 읽을 때는 오디오 음원을 듣고 따라 읽는 것이 효과적이다. 그러면 영어의 자연스러운 발음과 억양을 익힐 수 있다. 소리 내서 읽기의 모범이 될 수 있는 선생님 혹은 부모님과 함께 읽는 것도 좋다.

Step 2. 성대모사 하듯이 목소리 흉내 내기 : 아이들이 읽는 영어책에는 여러 등장인물들이 나오는데, 인물마다 목소리가 다르고 상황에 따라 말하는 속도와 높낮이도 달라진다. 등장인물의 목소리를 성대모사 하듯이 흉내 내서 읽으면 훨씬 더 재미있게 읽을 수 있다. 발음과 억양도 자연스럽게 익힐 수 있다.

Step 3. 반복해서 읽기 : 한 권의 책을 반복해서 소리 내어 읽다 보면 발음, 억양, 끊어 읽기가 눈에 띄게 자연스러워진다. 유창하게 책을 읽는 것은 아이에게 자신감을 심어 준다. 뿐만 아니라 책에 나오는 표현과 문장을 자기 것으로 만들게 된다.

Step 4. 녹음해서 듣기 : 아이가 소리 내어 읽기 시작하면 녹음해서 들어 보게 하자. 아이들은 자기 목소리를 듣는 것을 신기해하면서도 좋아한다. 한 권의 책을 반복해서 읽게 해 녹음한 것을 들려주면 읽기가 얼마나 발전했는지도 알 수 있고 동기 부여도 된다.

Step 5. 그림자처럼 따라 읽기 : 그림자처럼 따라 읽기Shadowing란 음원을 들으면서 목소리가 음원의 그림자가 되어 따라 읽는 것을 말한다. 이렇게 읽을 경우 들으면서 음원과 같은 속도로 읽어야 하기 때문에 더 집중하게 된다. 정확하고 빨리 읽는 연습을 하게 된다.

초등 3학년인 지호는 **'Fly Guy'** 시리즈의 음원을 듣고 소리 내어 읽기를 시작했다. Fly Guy가 내는 파리 소리를 따라 'Buzz'라고 흉내 내며 재미있어 한다. 《**Shoo, Fly Guy!**》에서 파리를 쫓으며 하는 'That

is my hamburger그건 내 햄버거야!'라는 문장을 성우 목소리와 똑같이 따라
한다.

　소리 내어 읽기 연습을 하기 전 지호의 책 읽기는 사실 밋밋했다. 높
낮이 없는 그저 평범한 읽기에 불과했다. 하지만 소리 내어 읽기를 연
습한 지 두 달 만에 지호의 영어책 읽기가 달라졌다. 발음이 정확해지
고 억양도 자연스러워졌다. 등장인물의 특징을 살려 목소리 연기까지
하는 지호를 보면 실로 놀라울 정도다. 지호는 이제 누구보다도 영어책
읽기를 즐기게 되었다.

쉽　　　고
재 미 있 게
영어책을 읽는
7 s t e p

Step 6.
많이 읽게 하기Read a lot

🍪 즐거우면 많이 읽을 수 있다

영어책을 많이 읽게 되면 다양한 어휘와 풍부한 표현을 흡수하게 된다. 익숙해진 어휘와 문장들을 자연스럽게 기억하고 자신의 언어로 사용할 수 있다. 이러한 과정은 책을 많이 읽을수록 더 넓어지고 깊어진다. 억지로 영어 공부를 했던 아이라면 책 읽기의 즐거움을 깨닫고 영어를 좋아하게 된다.

초등 5학년 라영이는 영어를 잘했지만 영어가 싫다고 했다. 암기 위주의 공부에 지쳐 있었다. 그 무렵 라영이는 Louis Sachar의 《Sideways Stories from Wayside School》를 만났다. 라영이는 엘리베이터가 없는 30층 학교에서 벌어지는 기상천외한 이야기와 사랑에 빠졌다. 등장인물 30명의 이름을 외우고 그들이 하는 대사를 따라했다. 180페이지에 달하는 책인데 다 읽고 나서는 이야기가 금방 끝나

버렸다며 아쉬워했다. 급기야는 작가에게 책을 더 써 달라고 편지를 써야겠다고 했다.

영어책과 친해지자 영어가 즐거워진 것이다. 라영이는 요즘 자기가 좋아하는 영어책에 대해 영어로 신나게 떠든다. 책을 읽고 자신의 생각을 영어로 쓰는 것은 이제 라영이가 제일 좋아하는 활동이 되었다.

영어책 다독을 위한 조건

쉽 고
재 미 있 게
영어책을 읽는
7 s t e p

① **다양한 책을 접할 수 있는 환경** : 다양한 책을 읽으려면 우선 책이 많아야 한다. 정기적으로 도서관이나 서점을 방문하여 다양한 책을 접하게 하자. 영어책을 판매하는 인터넷 서점들도 늘어나고 있는 추세이며 요즘은 값싸게 나온 중고 책도 많다.

② **재미있으면 읽고, 재미없으면 다른 책 읽기** : 다독을 가능하게 하는 가장 큰 원동력은 재미와 즐거움이다. 아이로 하여금 즐거움이 계속 이어지도록 해야 한다. 흥미와 취향에 따라 좋아하는 책도 다 다르다. 인기 있는 영어책이라고 해서 샀는데 아이가 좋아하지 않는다면 좋아할 만한 다른 책을 구하는 것이 좋다. 재미있으면 읽고, 재미없으면 다른 책을 읽게 하는 것이다. 그러면 자연스럽게 많은 책을 읽어 나갈 수 있다.

영어책 다독 코칭을 할 때 보통은 인기 있는 책을 추천하지만, 아이가 내켜 하지 않으면 바로 방향을 바꾼다. 재미없는 책을 억지로 읽게 하면 즐겁게 읽을 수 있는 불씨가 꺼진다.

③마음대로 골라 마음대로 읽기 : 현수는 집에도 영어책이 많은데 도서관에서 읽는 것이 더 좋다고 했다. 집에서는 부모님이 정해 주신 책을 꼭 소리 내서 읽어야 하기 때문에 싫다고 했다. 반면에 도서관에서는 읽고 싶은 책을 조용히 읽을 수 있어서 좋다고 했다.

다독을 할 때는 원하는 책을 원하는 방식으로 읽게 해 주면 된다. 다독은 말 그대로 많이 읽는 것인데 방법에 제약을 두면 많이 읽을 수 없다.

④어휘 확인, 문제 풀기, 독후감 없이 읽기 : 다독은 쉽고 재미있는 책을 많이 읽는 것을 전제로 한다. 책을 읽다가 어휘를 확인하고 문제를 풀게 하고 독후감을 쓰게 하면 부담을 느낄 수밖에 없다. 한 권 한 권 그렇게 책을 읽으면 많은 책을 읽어 나가기가 힘들어진다. 많은 책을 읽기 위해서는 쉽고 부담이 없어야 한다. 쉽고 재미있어서 책 읽기에 속도를 낼 수 있게 해 주는 것이 중요하다.

⑤집중해서 책을 읽을 수 있는 공간, 시간 확보하기 : 요즘 아이들은 오롯이 책만 읽을 수 있는 시간이 없다. 다니는 학원도 많고 해야 할 숙제도 많다. 책 읽기는 일과를 다 마친 뒤에나 할 수 있다.

장소도 마찬가지다. 주의를 산만하게 만드는 텔레비전, 컴퓨터, 게임기 등의 유혹이 집안 곳곳에 도사리고 있다.

책 읽기에 집중하게 하려면 장소와 시간을 따로 마련해 주어야 한다. 읽기에만 집중할 수 있도록 외부 요인을 차단해야 한다. 이런 시간과 공간을 만들어 주면 아이들은 놀랄 만큼 집중해서 많은 책을 읽어 낸다.

⑥영어책 독서 목록 만들기 : 리딩리더 도서관에는 아이들마다 영어

독서록이 있다. 자율 독서 시간에 아이들은 자신의 영어 독서록을 가지고 책을 읽는다. 읽고 난 후에는 독서록에 날짜, 책 제목, 저자를 기록한다. 목록을 보면 몇 권의 책을 읽었는지 알 수 있다. 흥미로운 것은 아이들이 자신의 영어 독서록을 보물 다루듯이 소중히 여긴다는 것이다. 읽은 책이 쌓일수록 자신감과 성취감도 쌓여 간다. '내가 영어책 500권을 읽었다!'라는 뿌듯함이 얼굴에 드러난다. 간단한 기록을 통해 아이들은 자신만의 리딩 히스토리를 만들어 간다.

Step 7.
생각하고 말하고 쓰게 하기Think, Speak and Write

🍪 생각의 힘을 길러 주는 질문하기

영어책 읽기를 즐기게 되었다면 내용에 대해 이야기하고 쓰는 활동을 시작해 보는 것이 좋다. 읽은 것을 바탕으로 생각하고, 말하고 쓰는 활동은 아이의 사고력과 창의력을 자극한다. 읽은 책에 대해 생각해 보고, 말하고 써 봄으로써 내용은 오래 기억된다. 읽은 내용에 생각의 가지가 달리고 창의적인 열매가 열린다.

책을 읽을 때는 아이들이 능동적인 독자가 되는 방향으로 이끌어야 한다. 책과 대화하고 스스로에게 질문을 던지는 능동적인 태도는 생각의 힘을 길러 준다.

아이와 대화하기 좋은 책이 있다면 부모님이나 선생님이 먼저 적절한 질문을 던지면 된다. 이때 대답이 정해진 질문보다는 아이의 호기심을 불러일으키거나 논리적으로 생각해 볼 수 있는 것이 좋다. 정답이 아닌 생각을 유도하는 것이어야 한다. 아이는 질문에 대해 생각해 보면서 자신이 알고 있는 지식과 읽은 책의 내용을 융합하고 창조한다.

질문을 통해 생각하는 습관이 생기면 아이는 혼자 읽을 때도 스스로에게 질문을 던진다. 책 속에 깊이 들어가 책과 대화하는 능력이 생긴다. 다양한 책을 읽고 깊게 생각한 아이는 사고력의 빅뱅을 경험한다. 책을 읽는 가장 큰 목적은 생각의 힘을 키우는 데 있음을 언제나 명심하자.

🍪 아이의 생각을 확장시키는 질문법

쉽고
재미있게
영어책을 읽는
7 step

① 표지를 보고 추론하게 하기 : 책의 표지는 많은 정보를 담고 있다. 특히 아이들이 읽는 그림책의 표지에는 내용을 추론할 수 있는 단서가 숨어 있다. 아이들이 단서를 발견하고 내용을 추론해 볼 수 있도록 질문을 던져 보자. 이야기를 나누다 보면 어느새 아이들의 기대와 흥미는 고조되어 있을 것이다.

표지를 보면서 할 수 있는 질문

이 책의 제목이 무엇이니?	What's the title of this book?
이 책의 작가는 누구니?	Who is the author of this book?
표지에 뭐가 있지?	What do you see on the cover page?
언제 일어난 일이니?	Can you guess when it happens?

157

| 어디에서 일어난 일이니? | Can you guess where it happens? |
| 앞으로 어떤 일이 일어날 것 같니? | Can you guess what is going to happen? |

②**Why와 How로 질문하기** : '주인공은 왜 이런 행동을 하는 걸까?', '어떻게 하면 주인공이 이 문제를 해결할 수 있을까?'와 같이 Why와 How로 시작하는 질문들에 대한 대답은 단답형이 될 수 없다. 아이들마다 대답이 다 다르다. 답이 정해지지 않은 질문은 아이의 생각하는 능력을 길러 준다.

Why와 How로 할 수 있는 질문

주인공은 왜 이렇게 하는 것일까?	Why do you think he/she does this?
주인공은 어떻게 문제를 해결할 수 있을까?	How can he/she solve the problem?
문제를 해결할 수 있는 좋은 아이디어가 있니?	Do you have any good ideas to solve the problem?
주인공은 무엇을 할까? 왜 그럴까?	What is he/she going to do? Why?

③**궁금증을 유발하는 질문하기** : 유명 작가들의 책을 읽어 보면 이야기의 전개가 무척 흥미롭다. 긴장이 고조되기도 하고 반전이 있어서 다음 내용이 무척 궁금해진다. 이야기 전개의 묘미를 잘 살려서 질문하면 아이들의 흥미와 몰입도를 높일 수 있다. 책을 읽으면서 다음에 어떤 일이 벌어질지 질문해 보자. 아이들의 창의력 넘치는 대답을 들을 수 있을 것이다.

앞으로 어떤 일이 일어날 것 같아?	Can you guess what is going to happen?
다음에 주인공은 무엇을 할까?	What will he/she do next?
이 이야기의 끝은 어떻게 될까?	Can you guess the ending of this story?
주인공이 일을 해낼 수 있을까? 왜 그렇게 생각해?	Do you think he/she can make it? Why?

④ 주인공의 입장이 되어 보는 질문하기 : 아이들은 책을 읽으면서 마치 주인공이 된 것처럼 몰입한다. 아이들이 읽는 영어책의 주인공은 또래의 아이들이다. 또래의 주인공이 겪는 일상과 모험에 자신을 투영하는 것은 너무도 당연하다.

'네가 만약 ~라면 어떻게 할 거야?'라는 질문은 아이가 실제로 주인공이 된 듯한 기분을 느끼게 한다. 주인공의 감정을 간접적으로나마 느끼고 상상하게 한다. 이런 과정을 거치다 보면 타인에 대한 공감 능력도 키울 수 있다.

주인공의 입장이 되어 보는 질문

네가 주인공이라면 어떻게 할 것 같아?	What would you do if you were him/her?
네가 주인공이라면 기분이 어떨 것 같아?	How would you feel if you were him/her?

🍪 토론으로 이끄는 말하기

"세계의 운명은 자기의 생각을 남에게 제대로 전달할 수 있는 사람들에 의해 결정된다."

로즈 케네디Rose Kennedy의 말이다. 4형제를 모두 하버드 대학에 보낸 존 F. 케네디John F. Kennedy의 어머니. 그녀는 토론 교육으로도 유명한데, 책과 신문을 읽은 뒤에는 아이들이 서로의 의견을 공유하도록 했다. 로즈 여사는 '화기애애한 분위기에서 자기 의사를 기탄없이 토로할 수 있어야만 이해력이 증진되고 자신감이 생겨날 수 있다'고 말했다.

아이들은 자신의 생각을 말로 표현하는 과정에서 생각을 정리한다. 생각만 하는 것과 생각한 것을 표현하는 데는 큰 차이가 있다. 말로 표현하면서는 이해한 내용을 확인하고 논리적으로 배열할 수 있다.

이때 중요한 것은 자신의 의견을 말하는 데서 그치지 않고 다른 사람의 의견을 듣고 함께 이야기를 나누는 것이다. 토론에서는 자신의 생각을 제대로 전달하는 동시에 상대의 의견에도 귀 기울여야 한다. 그 결과 내 생각과 다른 사람의 생각을 비교, 분석해서 새로운 아이디어도 얻을 수 있다.

리딩리더 도서관에서는 아이들이 같은 책을 읽고 토론하는 시간을 갖는다. 처음에는 선생님이 질문을 던지지만 시간이 지나면 아이들끼리 서로 질문하고 답하며 토론을 이어 나간다. 이때 같은 책을 읽었지만 느낀 점과 생각은 모두 다르다. 아이들은 서로 다름을 존중하고 상대의 의견을 들으면서 시야를 넓혀 간다. 서로의 생각을 더하고 빼고 곱하면서 사고력과 발표력은 한 단계 업그레이드된다.

🍪 기적이 일어나는 글쓰기

　책을 읽고 글을 쓰면 어떤 기적이 일어날까? 일단, 책 내용을 오래 기억할 수 있다. 눈으로만 읽은 책과 읽은 후 글쓰기를 한 책은 기억 창고에 저장되는 장소가 다르다. 손은 뇌의 가장 많은 부분을 자극하는 기관이다. '손은 외부로 나온 뇌'라는 말이 있을 정도로 손으로 글을 쓰면 뇌를 자극해서 오래 기억된다.

　책을 읽고 글을 쓰려면 우선 책의 내용을 다시 떠올리며 곱씹어야 하는데, 그 과정에서 읽을 때는 모르고 지나갔던 것들을 깨닫게 된다. 줄거리를 요약해서 쓸 경우 내용을 이해하고 핵심이 되는 부분을 뽑아내야 하는데 그러려면 엄청난 사고 훈련을 거쳐야 한다. 그 과정에서 아이들의 이해력과 사고력의 도약이 이루어진다.

CHAPTER

6

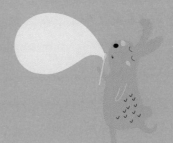

창의적 독후 활동으로
피어나는 영어책 읽기

읽기 전 활동으로 아이의 마음 사로잡기

🍪 책을 읽기 전에 할 수 있는 활동 세 가지

'창의적 독후 활동'이라고 해서 거창하게 생각할 필요는 없다. 핵심은 영어책을 읽고 대화를 나누는 것이다. 여기에 아이의 상상력과 창의력을 자극해 줄 수 있는 활동을 더하기만 하면 된다. 책을 읽고 다른 사람들과 생각을 나눌 수 있는 환경을 만들어 주면 금상첨화다.

독후 활동도 중요하지만, 책을 읽기 전에 기대와 흥미를 높이는 것이 무엇보다 중요하다. 책 읽기 전의 가벼운 몸풀기 활동으로 흥미를 유발할 수 있다. 책에 대한 기대가 높을수록 아이들은 더 몰입해서 즐겁게 읽는다. 다음은 아이들의 기대감을 높이는 간단한 활동의 목록이다.

①이야기의 시간과 장소 배경 알아보기 : 이야기 중에는 현대를 배경으로 하는 것도 있지만 그렇지 않은 것도 많다. 아이들이 잘 모

르는 시대와 장소를 배경으로 하는 책이라면 읽기 전에 미리 이야기를 나누면 내용을 이해하는 데 도움이 된다.

《Sarah, Plain and Tall》은 미국의 1900년대 초 개척 시대를 배경으로 한다. 개척 시대를 살아가는 주인공의 모습이 아이들에게는 익숙하지 않은데 이때 관련 사진이나 동영상을 보여 줄 수 있다. 이 시대를 살았던 아이들의 일상은 지금과는 많이 다르다. 척박한 땅을 일구고 사는 부모님을 도와 여러 집안일을 했다. 가축에게 먹이를 주거나 어린 동생들을 돌봤다.

책의 주인공 Sarah는 보닛(머리를 가리고 얼굴과 이마만 드러낸 모자)을 쓰고 발목까지 오는 긴 드레스를 입고 다니는데, 이 시대의 의복에 관한 사진을 보여 주면 주인공의 모습을 보다 쉽게 떠올릴 수 있다.

《Carnival at Candlelight》의 배경은 베네치아의 가면 축제이다. 물의 도시 베네치아의 수로에 사람들을 태운 곤돌라가 다닌다. 이탈리아 최대의 축제에 전 세계 관광객들이 몰려 화려한 가면과 의상을 차려입고 베네치아를 누빈다. 책을 읽기 전에 아이들과 베네치아의 가면 축제에 대한 동영상을 보았더니 화려한 의상을 입고 축제를 즐기는 사람들을 보며 아이들은 흥미로워했다. 축제에 가게 된다면 어떤 가면과 의상을 입고 싶은지 아이들과도 이야기했다. 그러고 나서 책을 읽으니 주인공 Jack과 Annie가 광대 옷을 입고 곤돌라를 타는 장면이 나와도 아이들은 자연스럽게 이해했다.

②주인공 소개하기 : 천재 소년, 소녀와 같이 신비한 능력을 지닌 주
인공들은 아이들에게 매력적으로 다가온다. 책을 읽기 전에 주인
공의 이런 신비한 능력에 대해 이야기를 나누다 보면 금세 친근감
을 느끼고 빠져든다.

'Fly Guy' 시리즈의 주인공 Fly Guy는 평범한 파리가 아니다.
Super Smart Fly, 엄청 똑똑한 파리다. 세상에서 가장 똑똑한 파
리를 Buzz라는 소년은 애완동물로 키우는데, 애완동물 대회에
나가서 가장 똑똑한 애완동물 상을 받기도 한다. 아이들에게 Fly
Guy를 소개하면 일단 주인공이 '파리'라는 점에서 흥미를 보인다.
거기다 엄청나게 똑똑한 파리라니! 호기심을 불러일으키기에 충
분하다.

'Cam Jensen' 시리즈에는 초능력을 가진 신비한 소녀 Cam
Jensen이 주인공으로 등장한다. 원래 이름은 Jennifer이지만, 한
번 본 것은 사진을 찍은 듯이 기억해 친구들은 Camera를 줄여
Cam이라고 부른다. 신비한 기억력을 토대로 주위에서 일어나는
사건들을 해결한다는 이야기를 담고 있는데, 아이들은 읽기 전부
터 Cam이라는 소녀의 초능력을 알고 싶어 한다.

③단어 충전해 주기 : 반복되어 나오는 중요한 단어의 의미를 모르
면 계속해서 읽어 나가기가 어렵다. 책을 읽기 전에 중요한 단어
들을 정리해 주면 막히지 않고 내용에 충분히 빠져들 수 있다.

'Geronimo Stilton' 시리즈의 주인공은 생쥐 Geronimo Stilton
이고, 이야기의 배경은 생쥐 섬Mouse Island이다. 생쥐들의 세계에는

생쥐들만이 쓰는 단어와 표현이 존재하는데 예를 들면 이런 것이다. 아침형 인간morning person은 아침형 생쥐morning mouse, 세상에 이럴 수가Jesus Christ 대신 Cheese Slices라고 외친다. 이렇게 인간의 언어를 생쥐들의 언어로 재치 있게 바꾼 표현들이 많이 등장한다. 생쥐 세계의 단어를 알고 책을 읽어 나가면 이런 표현들이 나왔을 때 고개를 갸우뚱거리는 대신 웃으며 즐길 수 있다.

다의어(두 가지 이상의 뜻을 가진 단어)가 많이 나오는 책 'Amelia Bedelia' 시리즈는 단어의 여러 가지 뜻을 알고 읽으면 이해도 쉽고 재미있게 읽을 수 있다. 《Amelia Bedelia and the Surprise Shower》에서 'shower'는 우리가 흔히 아는 '샤워'이기도 하지만 '예비 신부를 위한 파티'라는 뜻도 있다. 여기서 'A surprise shower'는 '깜짝 파티'의 의미인데 주인공 아멜리아는 '샤워'의 뜻으로 잘못 이해하고 손님들에게 물을 뿌린다. 물에 빠진 생쥐 꼴이 된 손님들은 화가 나지만 아멜리아의 엉뚱함에 웃게 된다. 이때 아이들이 'shower'에는 '샤워'와 '파티'의 뜻이 있음을 알고 읽으면 아멜리아와 손님들의 행동을 이해하고 웃을 수 있다.

대화는 창의적 독후 활동의 핵심이다

🍪 생각을 정교하게 조각하는 질문하기

역사 속에서 빛나는 지성과 통찰력을 갖춘 위대한 스승들은 제자들을 직접적으로 가르치지 않았다. 소크라테스는 묻고 답하는 대화를 통해 제자들이 스스로 깨달음을 얻게 하였으며, 공자 역시 대화를 통해 제자들에게 가르침을 주었다. 그 방대한 대화를 기록한 것이 위대한 고전 《논어》이다.

책을 읽기만 하는 것과 읽으면서 대화를 나누는 것은 하늘과 땅 차이다. 책은 대화의 매개체이며 책을 읽고 대화를 나누는 것은 읽기 그 이상의 의미를 갖는다.

좋은 질문은 뭉툭한 생각 덩어리를 정교하게 조각하는 조각칼과 같다. 아이들은 질문에 대답하면서 생각을 정교하게 다듬을 수 있다.

《Fantastic Mr. Fox》는 제목 그대로 멋진 여우 씨가 주인공인데,

책을 읽고 여우 씨가 왜 멋있는지에 대해 아이들과 대화를 나누었다. 아이들은 주인공 여우 씨가 멋지다는 데에 모두 동의했고 질문을 받자마자 여우 씨의 여러 면모를 분석하기 시작했다. 말과 행동, 성격 등 다양하게 분석했다. 그 결과 여우 씨가 멋진 이유는 세 멍청이를 영리하게 따돌려서 골탕 먹였을 뿐 아니라 가족을 위해 희생하는 아버지의 모습, 힘들게 얻은 식량을 땅 속 동물들에게 나눠 주었기 때문이라는 결론을 내렸다.

다들 처음 질문에는 '그냥 멋있다'라고만 대답한다. 하지만 그렇게 끝내면 '여우 씨는 멋있다'라는 뭉툭한 생각 덩어리만 남는다. 그럴 때는 다양한 질문을 통해 생각 덩어리를 나누고 정교하게 다듬을 수 있도록 옆에서 도와주어야 한다.

🍪 대화로 튀어 오르는 창의력

아이에게 영어책을 읽어 줄 때 내용 전달에만 치우치는 경향이 있는데 그렇게 되면 단순히 듣고 읽는 데서 끝난다. 대신 책을 읽어 주면서 질문을 던지면 아이는 생각할 기회를 얻고 자신의 의견을 표현한다.

칼데콧 상을 받은 영어 그림책 《Sylvester and the Magic Pebble》은 아이들과 대화를 나누면서 읽기 좋은 작품이다. 당나귀 Sylvester는 조약돌 모으기가 취미이다. 그러던 어느 날 무엇으로든 변신할 수 있는 마법의 조약돌을 발견한다. 바로 그때 사자를 만난 Sylvester는 엉겁결에 바위가 되고 싶다고 말한다.

여기서 '만약 네가 Sylvester였다면 무엇이 되고 싶다고 말할 거야?' 라고 질문하면 아이들은 상상력을 발휘해서 재미있는 대답을 한다. 독수리가 되어서 하늘 높이 날았다가 다시 마법의 조약돌을 찾을 거라고 말하는 아이도 있고, 두더지가 되어 땅속으로 숨었다가 변신한다는 아이도 있다.

대화하면서 책을 읽다 보면 아이의 상상력과 창의력에 자극이 간다. 이런 대화는 질문하는 사람이나 대답하는 아이 모두 즐거워진다. 이런 대화에 익숙한 아이는 혼자서 책을 읽을 때도 스스로에게 질문을 던지며 그 결과 아이의 사고력은 점점 더 깊어진다.

●●◖ 넓은 생각을 포용하는 대화하기

책을 읽을 때 다른 사람들과 대화를 나누면 다양한 생각에 대해 열린 마음을 갖게 되는데, 아이들은 한 가지 질문에 대해서도 모두 다른 생각을 가지고 있다.

《Arthur's TV trouble》에서 Arthur는 텔레비전 광고를 보다가 강아지 Pal에게 줄 Treat Timer(강아지 먹이 주는 기계)를 사고 싶어 한다. 아이들에게 Arthur처럼 정말 사고 싶은 것이 생기면 어떻게 돈을 마련하겠느냐는 질문을 했는데, 부모님께 부탁하겠다는 대답 대신 의외로 엉뚱하고 흥미로운 아이디어가 많이 나왔다. 길거리에 다니면서 빈 병을 모으겠다는 아이, 공중전화를 돌아다니면서 잔돈이 있는지 보겠다는 아이, 아끼는 장난감을 팔아서 사겠다는 아이 등 같은 대답은 하나도 없었다. 아이들은 서로 다른 아이디어를 말할 때마다 주의 깊게 들으며 재미있어 했다. 아이들의 생각과 생각이 만나 연결되면서 즐거운 대화를 이어 갔다.

아이 한 명의 생각 열매는 하나이지만, 여러 명의 생각 열매는 주렁주렁 열려서 나무가 된다. 다양하고 풍부한 생각 열매는 아이의 사고 폭을 확장시킨다. 경청과 배려의 의사소통 속에서 아이들의 생각은 훌쩍 자란다.

말하기 독후 활동, 창의적인 생각이 튄다

🍪 그림 보고 말하기

영어 말하기를 잘한다는 것은 단순히 회화를 익혀서 의사소통을 하는 것만을 뜻하지 않는다. 자신의 생각을 논리적이고 설득력 있게 전개할 때 말을 잘한다고 한다. 책은 아이들에게 생각할 거리를 던져 준다. 책 내용을 바탕으로 자신의 생각을 표현할 기회를 주는 것은 중요하다. 책을 읽고 자유롭게 이야기하다 보면 아이는 상상의 나래를 펴고 창의적인 생각을 말로 표현하게 된다.

영어 그림책을 보면서 쉽게 할 수 있는 독후 활동으로는 '그림 보고 말하기'가 있다. 간단하게는 그림에 나오는 단어를 말해 보는 것으로 시작할 수 있다. 그림을 묘사하거나 상황을 설명할 수도 있다. 그림에서 일어나는 일들을 연결해서 말하면 이야기의 줄거리가 된다. 책의 내용을 요약해서 말하라고 하면 어렵게 느껴지지만, 그림을 보고 차례로 이야기를 이어 가면 쉽게 요약할 수 있다.

✏️ 가장 좋아하는 책 소개하기

자신이 가장 좋아하는 영어 책을 소개하는 말하기 활동도 할 수 있다. 아이들마다 좋아하는 책이 다 다르다. 가장 재미있게 읽었던 책을 소개하라고 하면 아이는 그 책을 더욱 특별하게 느끼고, 듣는 아이들은 그 책에 흥미가 생겨 읽고 싶어 한다. 아이들은 말을 하면서도 가장 친한 친구를 소개하듯이 즐거워한다. 좋아하는 책을 소개할 때는 책의 제목, 주인공, 줄거리, 좋아하는 이유 등을 자유롭게 이야기하면 된다.

창 의 적
독후 활동으로
피 어 나 는
영어책 읽기

다음은 라영이가 영어책 100권을 읽고 그중 가장 재미있었던 《Henry and Mudge the first book》을 소개한 내용이다.

"I want to tell you my favorite book. The title is 《Henry and Mudge the first book》. The story is about the only child, Henry and his big dog, Mudge. Henry searched for a dog and he found Mudge. Mudge was a small puppy. Later Henry and Mudge became the best friends. I like this book because Mudge is adorable. Henry and Mudge's friendship is beautiful like a needle and thread."

"제가 가장 좋아하는 책에 대해서 이야기해 볼게요. 책 제목은 《Henry and Mudge the first book》이에요. 외동인 Henry와 큰 개 Mudge에 관한 이야기이죠. Henry는 키울 만한 개를 찾고 있었는데 그때 Mudge를 만났어요. Mudge는 작은 강아지였어요. 시간이 지나 Henry와 Mudge는 가장 친한 친구가 됐어요. 제가 이 책을 좋아하는 이유는 Mudge가 사랑스럽기 때문이에요. Henry와 Mudge의 우정은 마치 바늘과 실처럼 아름다워요."

🍪 주인공 인터뷰하기

이야기에 나오는 주인공들은 매력적이다. 말썽꾸러기이기도 하고 천재 소녀이기도 하고 마법을 부리기도 한다. 아이들은 책을 읽으며 등장인물에게 친근감과 동경심을 느낀다. 그런 주인공을 직접 만나게 되었을 때 어떤 이야기를 나누고 싶은지 말해 보는 활동을 하면 아이들의 상상력을 자극할 수 있다.

《Monday with a Mad Genius》에서 Jack과 Annie는 천재 화가 레오나르도 다빈치를 만나러 시간 여행을 떠난다. 이 책에서 아이들은 레오나르도 다빈치의 여러 가지 일화를 접할 수 있다. 직접 만난다면 어떤 질문을 하고 싶은지 인터뷰하는 활동도 해 보았는데 다음은 우주가 레오나르도 다빈치를 인터뷰한 내용을 옮긴 것이다.

"Hi, I'm a huge fan of you. You are a great genius. I want to be like you. Can you tell me the secret of being a genius? And print all of your notebooks please!"

"안녕하세요, 저는 당신의 엄청난 팬이랍니다. 당신은 위대한 천재예요. 저는 당신처럼 되고 싶어요. 제게 천재가 되는 비밀을 말해 주시겠어요? 그리고 당신의 노트를 인쇄하게 해 주세요."

🍪 주인공이 되어 보는 상상하기

이야기의 주인공이 되는 상상은 짜릿한 경험이다. '만약 네가 ~가 된다면'이라는 질문은 아이들에게 즐거운 생각 거리를 던져 준다. 주인공에 대해 떠올려 보고 여러 가지 상황들을 상상할 수 있다.

《The Magic Finger》의 주인공은 8살 소녀로 누군가에게 무척 화가 나면 손가락 끝에서 레이저가 나오는데 그 레이저를 맞은 사람은 동물로 변하게 된다. 아이들은 책을 읽고 나면 자신도 그런 손가락을 가지고 싶다고 생각할 것이다. '나에게도 그런 손가락이 있다면……'하고 상상하는 것만으로도 여러 아이디어가 마구 떠오를 것이다.

쓰기 독후 활동, 생각의 꽃이 핀다

🎨 기억에 남는 장면 그리기

글을 쓴다는 것은 높은 수준의 사고 훈련을 하는 것이다. 글을 쓸 때는 먼저 자신의 생각을 잘 정리한 뒤에 흐름을 논리적으로 잡아야 한다. 또한 단어와 표현을 적절하게 골라 써야 한다. 이처럼 쓰기는 생각의 꽃을 피우게 하는 독후 활동이다.

자신의 생각을 영어 문장으로 표현하기 힘든 아이들이 쉽게 할 수 있는 독후 활동으로는 '책에 나오는 장면 그리기'가 있다. 글로 다 표현하기는 힘들 수 있지만, 그림 그리기는 모든 아이들이 할 수 있으며 다들 좋아하는 활동이다.

이때는 책을 읽고 가장 인상 깊었던 장면이나 재미있었던 상황을 그리면 된다. 상상해서 그리거나 책의 삽화를 따라 그려도 좋다. 그림을 그리는 데 중점을 두는 것이 아니라 읽으면서 기억에 남았던 장면을 다시 생각해 보는 것이 중요하다.

장면에 대해 설명하게 하거나 가장 재미있는 장면으로 고른 이유를 물어보면 또 다른 독후 활동이 될 수 있다. 그림을 간단하게 그리고 장면을 묘사하는 문장을 옮겨 적어도 좋다.

◉ 소책자 만들기

한 가지 장면을 그릴 수도 있지만, 여러 장면을 그리고 연결해서 소책자를 만들 수도 있다. 이때 이야기의 줄거리에서 중요한 장면을 고르고 묘사하는 표현을 간단하게 쓰면 글을 요약하는 연습도 할 수 있다.

책을 만드는 과정에서 아이들은 즐거움을 느낀다. 자신만의 책을 만든 아이들은 뿌듯해하며 책의 내용도 오래 기억한다.

할로윈 소책자 만들기

《Froggy goes to bed》를 읽고 만든 소책자

🍪 그림으로 표현하기

‘**Mercy Watson**’ 시리즈에서 Watson 부부는 핑크 돼지 Mercy를 자식처럼 키우는데 사랑스러운 돼지 Mercy를 ‘Porcine Wonder돼지 요정’이라고 부른다. 이 책을 읽고 아이들에게 Mercy 같은 돼지를 키우게 된다면 어떤 모습이었으면 좋겠는지 그림으로 그려 보게 했더니 아이들은 영웅, 공주, 로봇 등 자신이 원하는 모습을 그림으로 표현했다.

키우고 싶은 돼지 그리기

《Mercy Watson Princess in Disguise》에서 주인공 Mercy는 할로윈데이에 공주 의상을 입고 사탕을 얻으러 간다. 미국에서는 그 날 아이들이 괴물이나 유령 등의 분장을 하고 이웃집을 찾아다니면서 사탕이나 초콜릿을 얻는다. 어떤 분장을 하고 싶은지에 대한 활동을 할 때는 글로 쓰기보다는 그림으로 표현하는 것이 더 효과적이다.

할로윈데이 때 하고 싶은 분장 그리기

🍪 영시 짓기

《Wayside School gets a little stranger》에서 Mrs. Jewls 선생님은 반 아이들에게 자신이 좋아하는 '색깔'을 주제로 시를 쓰게 한다. 이때 아이들은 같은 운을 가진 단어들로 시를 쓴다. (Cat, Mat, Sat은 같은 운을 가진 단어들로 영어에서는 Rhyming words라고 하는데, Hi, Guy, Pie처럼

철자가 달라도 운이 같으면 Rhyming words가 된다)

　책을 읽다가 시가 나오면 아이들에게도 시를 써 보게 하자. 음악적인 언어인 영어의 맛을 제대로 즐길 수 있는 독후 활동이 바로 '영시 짓기'이다. 아이들은 의외로 어려워하지 않고 즐겁게 영시를 짓는다. 가끔은 아이들의 무궁무진한 상상력과 표현력에 놀라기도 한다.

　다음은 라영이가 Pink와 같은 운을 가진 Rhyming words를 넣어서 지은 시이다.

Pink

by Elizabeth

There is a pig whose fur is pink.

Pig sees liquid and drink.

It is not water, it is ink.

It quickly shrink.

It tastes stink.

Pig starts to think.

Pig says oink.

털이 분홍색인 돼지가 있다.

돼지는 액체를 보더니 마신다.

그것은 물이 아니라 잉크다.

잉크는 빨리 줄어든다.

잉크는 고약한 맛이 난다.

돼지는 고민하기 시작한다.

돼지는 꿀꿀거린다.

운이 같은 Rhyming words를 먼저 생각하게 한 뒤 단어들을 적절하게 넣어서 영시를 지어 보게 하면 된다. 라임이 살아 있는 영시를 지으면서 아이들은 영어의 리듬을 표현하고 음악적인 언어의 매력을 만끽할 수 있다.

🍪 주인공에게 편지 쓰기

책을 읽으면서 주인공의 매력에 푹 빠진 아이들이 좋아하는 독후 활동은 바로 주인공에게 편지 쓰기다. 아이들은 친한 친구에게 편지 쓰는 것을 좋아한다. 친구에게 편지를 쓰듯 주인공에게도 편지를 쓰게 하면 주인공에 대한 애정이 듬뿍 생긴다. 친밀감이 생기면서 자연스럽게 자신의 감정이나 생각을 편지에 써 내려갈 수 있다. 내용은 책을 읽으면서 궁금했던 점이나 하고 싶었던 말을 대화하듯이 쓰게 하면 된다.

Dear. Rosamond

Hi! I am your big fan, Jasmine.

I think you are a very interesting girl.

You have long black hair and green eyes.

And you have four cats.

You can read the future for two cents with the crystal ball.

How can you read the future?

Where did you buy that ball?

Rosamond에게

안녕! 나는 너의 팬, 재스민이야.

너는 아주 흥미로운 여자아이인 것 같아.

너는 검은 긴 머리와 푸른 눈을 가졌지.

그리고 너에게는 네 마리의 고양이가 있어.

너는 2센트를 받고 크리스털 공으로 미래를 말해 주기도 해.

어떻게 미래를 알 수 있어?

어디서 그 크리스털 공을 샀니?

우연이가 **'Nate the Great'** 시리즈에 나오는 주인공 Rosamond 에게 쓴 편지로 주인공에 대한 호기심과 애정이 듬뿍 담겨 있다.

아이들은 주인공에게 편지를 쓰면서 주인공이 했던 말과 행동에 대해 생각해 보고 자신의 의견을 덧붙인다.

편지 쓰기는 책에 등장하는 주인공에게 쓰는 것이 일반적이지만, 작가에게 쓸 수도 있다. 책을 읽다 보면 아이들마다 좋아하는 작가가 있어 궁금한 점이 생기기도 하고, 재미있는 글을 써 줘서 고맙다는 인사를 전하고 싶어 하는 아이들도 있다. 실제로 존재하는 인물인 작가에게 편지를 쓰는 활동은 아이들에게 생생한 감동을 느끼게 한다.

결말 바꿔 쓰기

이야기의 결말 바꿔 쓰기는 아이들의 상상력과 창의력이 넘치는 장이 된다. 이야기를 창작하는 작가가 되어 보게 한다. 책의 결말을 바꿔 써 보게 하면 기발한 아이디어로 원작보다 더 재미있게 쓰는 아이들도 있다.

《The Enormous Crocodile》의 주인공 악어는 아이들을 잡아먹기 위해 온갖 술수를 다 써 보지만, 악어의 음모를 알아챈 코끼리에 의해 태양으로 날아가 통구이가 된다. 상상력의 대가로 불리는 Roald Dahl의 작품으로 무척 황당하면서도 통쾌한 결말이다.

하지만 아이들과 결말 바꿔 쓰기를 해 보니 더 기발하고 재미있는 이야기들이 탄생했다. 현수는 태양으로 날아간 악어가 부메랑처럼 다시 지구로 날아와서 마을 사람들이 바비큐 파티를 벌였다고 썼고, 유진이는 악어가 죽지 않고 살아서 돌아와 자신을 골탕 먹인 동물들에게 복수한다고 했다. 창의력이 넘치는 아이들의 글을 보면 아이들 마음속에는 모두 이야기를 사랑하는 작가가 살고 있는 듯하다.

하루 1시간, 영어책 읽기의 기적

내 인생의 첫 번째 터닝 포인트는 아이를 낳고 엄마가 된 일이었다. 부모가 되고 아이를 기르면서 많은 것을 배웠고 이전과는 다른 세상이 열렸기 때문이다. 아이를 키우면서 눈뜨게 된 또 다른 세상은 바로 영어 그림책의 세계이다.

가성비 영어
EPILOGUE

지난 12년간 영어 사교육 기관에서 아이들에게 영어를 가르쳐 왔지만 영어 그림책을 접할 기회는 거의 없었다. 그러다 내 아이에게 영어 그림책을 읽어 주기 시작하면서 앞이 보이지 않던 봉사가 눈을 뜬 듯한 신선한 충격을 받았다.

지금껏 내가 몸담아 왔던 영어가 '인내하며 공부하는 것'이었다면 그림책에서 펼쳐지는 영어는 '아름답고 즐거워서 저절로 되는 것'이었다. 이 깨달음을 얻고 나는 '유레카!'를 외쳤다. 영어를 가르치는 한 사람으로서, 한 아이의 엄마로서 영어 교육에 고민하고 목말라 하던 차에 오아시스를 만난 기분이었다. 영어책 읽기에 관한 영어 교육 전문가들의 이론서와 연구 사례를 공부하면 할수록 확신은 더욱 커져 갔다.

두 번째 터닝 포인트는 '리딩리더 영어 도서관'을 시작하면서부터였다. '영어 교육의 해답은 영어책 읽기다!'라는 확고한 신념이 생기자 영어 도서관을 열어서 아이들이 즐겁게 영어를 배우는 환경을 만들어 주고 싶었다. 그 결과 '지금 나눠 줄 수 있는 작은 일부터 시작하자'라는 마음으로 집안에 작은 도서관을 만들었다. 1년이 지난 지금에 와서 보니 내 인생에서 가장 잘한 일이라는 생각이 든다.

나 역시 '대한민국의 영어는 평가와 경쟁의 도구'라는 틀에 갇혀 살다가 영어 도서관을 시작하고 나서는 아이들과 함께 영어책을 읽으면서 '즐거운 영어, 살아 있는 영어'를 온몸으로 경험하고 있다. 무엇보다 아이들이 고통스러워하지 않고 영어책 읽기를 통해 기쁨과 즐거움을 표현할 때마다 가슴 벅찬 보람을 느낀다.

> "선생님, 리딩리더 도서관에 온 이틀 만에 영어가 좋아졌어요."
>
> — Lucy
>
> "저도 Mo Willems 같은 영어 그림책 작가가 되고 싶어요."
>
> — Jasmine
>
> "Louis Sachar 작가에게 'Wayside School' 시리즈를 좀 더 써 달라고 하고 싶어요."
>
> — Elizabeth

영어책을 읽고 흥분에 들떠 이야기하는 아이들을 보면서, 영어책을 두고 서로 보겠다고 말다툼하는 아이들을 보면서, 동생에게도 읽어 주고 싶다며 영어책을 품에 꼭 안고 가는 아이들을 보면서 교사와 부모, 아이가 행복해지는 영어 교육의 해답이 여기에 있다고 확신한다.

외국어 습득 이론의 세계적인 학자 스티븐 크라센 박사는 한국과 같이 영어를 외국어로 배우는 아시아 국가에서 영어를 습득하는 유일한 방법은 '영어 도서관을 많이 지어 영어책 다독을 위한 환경을 만드는 것'이라고 말했다.

전국 곳곳에 영어 도서관이 생기고 아이들에게 영어책 읽기를 가르치는 전문가들이 양성된다면 대한민국의 영어는 해답을 찾게 될 것이다. 사교육비는 줄어들고 양극화 사회를 초래하는 영어의 부익부 빈익빈 현상도 사라질 것이다. 그동안 고통과 욕망의 언어였던 영어는 즐겁고 배우기 쉬운 언어가 될 것이다.

사고력과 창의력을 겸비한 우리 아이들이 영어책 읽기로 영어의 날개를 달고 더 넓은 세계 무대에서 활약하는 모습이 그려진다. 대한민국의 교사와 부모 모두가 우리 아이들을 위한 '영어책 읽기 혁명'에 뜻을 함께해 주시기를 간절히 바란다.

끝으로 육아와 일을 병행하는 워킹 맘으로 책을 쓴다는 것이 쉽지만은 않았는데, 곁에서 늘 응원해 주고 큰 힘이 되어 준 남편과 아들 서준이, 가족들, 아낌없는 격려를 해 주신 기성준 작가님과 부산 독서 모임 '미라클 팩토리' 가족들에게 깊은 감사의 마음을 전한다.

이 책은 영어책을 함께 읽으며 내 삶의 사명을 일깨워 준 리딩리더 도서관의 우리 아이들에게 바친다.

2017. 6월

박소윤 Olivia Park

가성비 영어

초판 1쇄 인쇄 2017년 7월 20일
초판 1쇄 발행 2017년 7월 27일

지은이 박소윤

펴낸이 박세현
펴낸곳 팬덤북스

기획위원 김정대·김종선·김옥림
편집 김종훈, 이선희
디자인 심지유
영업 전창열

주소 (우)03966 서울시 마포구 성산로 144 교홍빌딩 305호
전화 070-8821-4312 | **팩스** 02-6008-4318
이메일 fandombooks@naver.com
블로그 http://blog.naver.com/fandombooks

등록번호 제25100-2010-154호

ISBN 979-11-6169-008-7 03590